JN246241

見たこともない宇宙

UNSEEN UNIVERSE
見たこともない宇宙

New Secrets of the Cosmos Revealed by the James Webb Space Telescope
Dr Caroline Harper

キャロライン・ハーパー

中野太郎 訳

柏書房

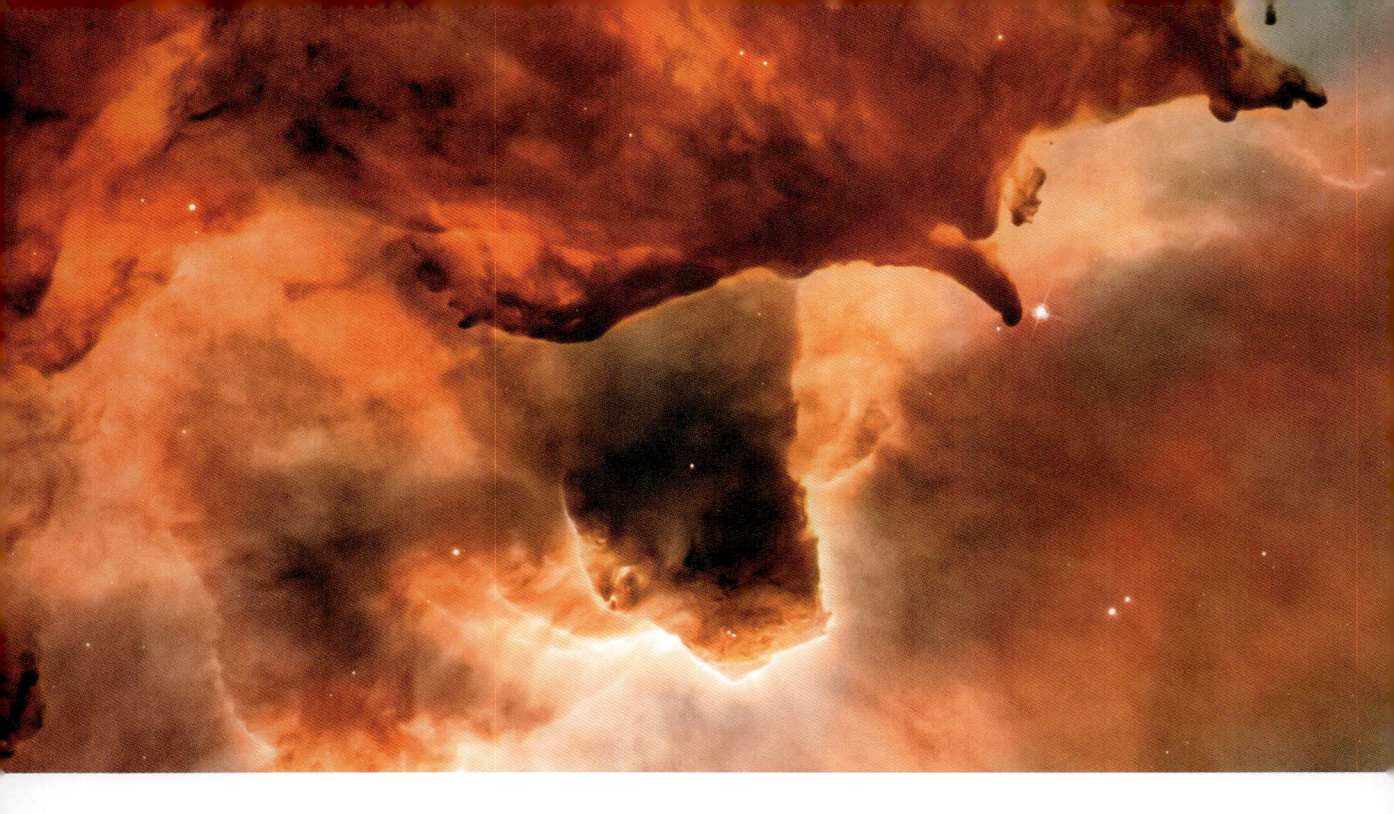

目次

恒星のライフサイクル
星の誕生、進化、死

序文

　この美しい本を目にすることができ、わくわくしています！　本書でハーパー博士は私のお気に入りの画像を使って私の大好きな物語を語り、見事な作品に仕上げました。

　この本が生まれるまでに、宇宙では138億年の歳月がかかりました。宇宙は謎めいた膨張から始まり、それが減速して冷却し、続いて1億年にわたる静寂の時代がありました。やがて最初の恒星、銀河、ブラックホールが成長し、何世代にもわたって恒星の爆発が繰り返されました。そこからようやく、私たちの太陽系と惑星が作られたのです。そして、未知のしくみによって最初の生命がこの地球に現れました。生物は複雑な進化を遂げ、光合成をおこなうようになり、歯と脳を持つ動物が出現し、哺乳類が栄え、ついには言葉と道具を使う人類が出現しました。

　ジェイムズ・ウェッブ宇宙望遠鏡の開発と運用には、欧州・イギリス・カナダ・アメリカから2万人の人々が携わりました。私は1995年10月にこのプロジェクトへの参加を誘われ、それからもう28年になります。私たちはこの望遠鏡を作り上げたことや、この望遠鏡で可能になった発見の数々を大変誇りに思っています。私たちはまた、たくさんの挑戦を通して常に支援を続けてくれたアメリ

右：ウェッブが撮影したハービッグ・ハロー天体HH46/47（中央のオレンジ色の領域）。生まれたばかりの活動的な恒星。

カ政府に、特にバーバラ・ミクルスキー上院議員に感謝します。

　私たちは地球の生命の歴史を画像で皆さんにお見せすることはできませんが、天文学者は遠くを見ることで時間をさかのぼることができます。今や私たちは、こんな問いを持つことができます。「膨張宇宙はどのようにして、人間が生まれるような地球を作り出したのだろう？」。私たちは最初の銀河ができた頃まで、時代をさかのぼって見ることができます。最初の銀河はぼんやりした点のように見えますが、スペクトルを観測することで化学組成や運動の様子が分かります。ブラックホールに物質が落ち込んで圧縮・加熱され、成長する様子も見えます。私たちは、銀河とブラックホールはどちらが先に生まれたのか？　という問題を研究しています。塵を多く含む低温の雲の中でひそかに、重力が圧力

に打ち勝ってガスが収縮し、星が形成される様子も見えます。こうした新しい星の周囲を回る塵に富んだ円盤の中で、新たな惑星が確かに成長しつつある様子も見ることができます。私たちは恒星の手前を通過する惑星も見ることができ、地球に似た惑星を探しているところです。これまでに数十個の惑星を調べ

ましたが、まだ見つかってはいません。

こうした探索の成果が出るのを待つ間にも研究に取り組めるのであれば、私たちは「第二の地球」を探す専用の望遠鏡を新たに作れるでしょう。ひとまず今のところは、本書の中に私たちの宇宙の歴史が、写真で示されています。

ジョン・C・マザー博士
宇宙物理学者、宇宙論研究者。2006年、ノーベル物理学賞を受賞。
前・NASAゴダード宇宙飛行センターJWSTプロジェクト上級科学者。

上：ウェッブが撮影した不規則銀河NGC 6822。

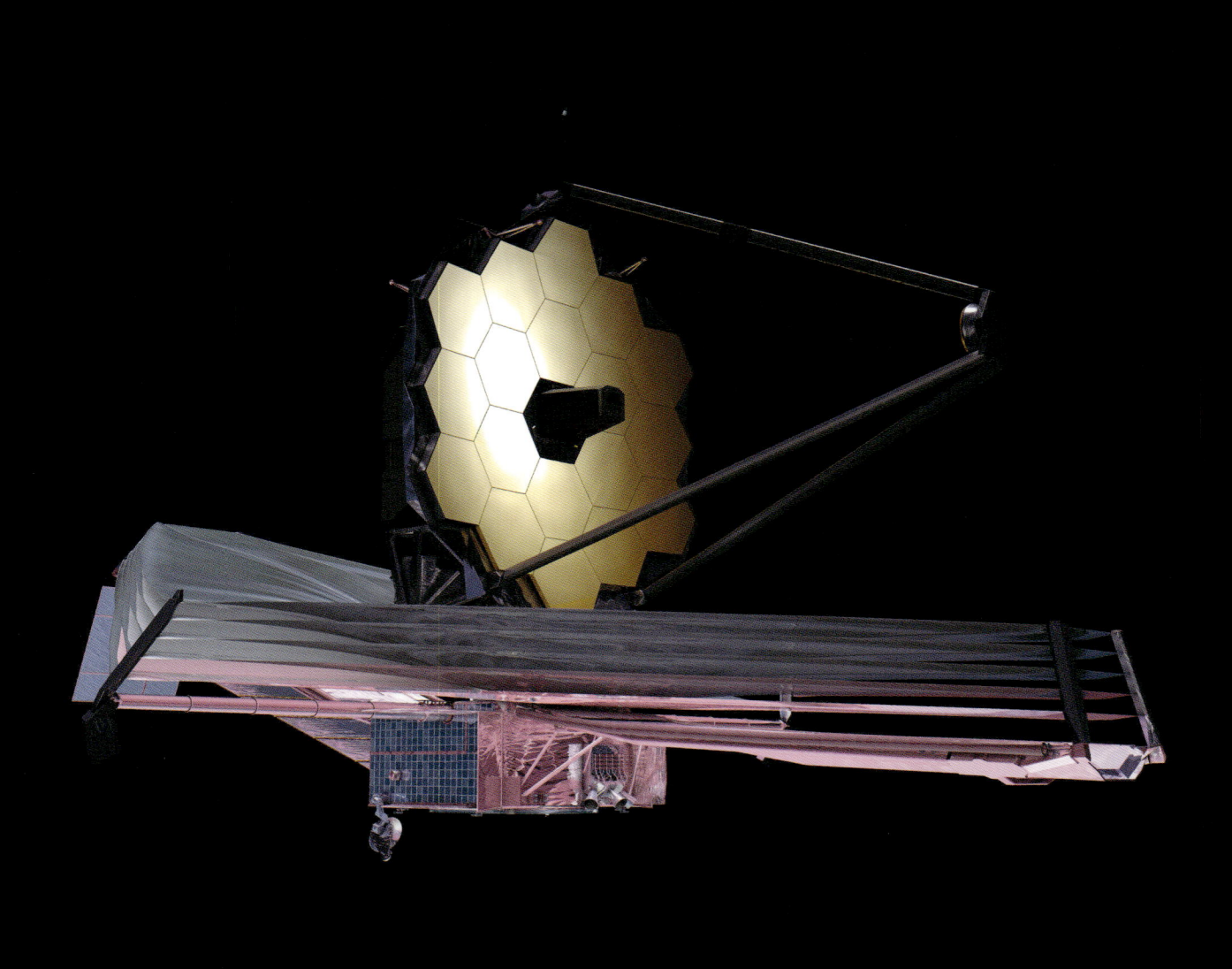

はじめに
——ジェイムズ・ウェッブ宇宙望遠鏡の開発

　ジェイムズ・ウェッブ宇宙望遠鏡（JWST：ウェッブ）は、工学の驚くべき偉業だ。宇宙空間に打ち上げられた望遠鏡としては史上最大である。重量は6トンを超え、設計と建造には100億ドルの費用と25年の歳月を要した。2021年のクリスマスに、仏領ギアナにある欧州宇宙港〔訳注：「ギアナ宇宙センター」とも呼ばれる〕から打ち上げられて以来、巨大な主鏡と特別設計の科学機器をそなえたこの望遠鏡は、私たちが考えていた可能性の限界をさらに超えて、感動的な科学的発見をなし遂げ、研究者たちが今後何年間も忙しくなるに違いない、膨大な新データをもたらしている。だが、これらの成果は、この夢を実現しようと20年以上もともに努力し続けてきた、何千人もの科学者と技術者たちの洞察力や技能、献身なしにはありえなかったものだ。彼らはどのようにしてこの偉業をなし遂げたのだろう？

　この望遠鏡は、第二次世界大戦当時の米海兵隊将校で1961 〜 68年にアメリカ航空宇宙局（NASA）長官を務めた、ジェイムズ・E・ウェッブにちなんで命名された。NASA長官時代のウェッブは、1969年に人類を月に送った「アポロ計画」の開発を監督したが、彼は宇宙飛行や有人宇宙探査だけでなく、宇宙科学にも情熱を注いだ。彼がNASAで目指した科学分野の野望の中でも重要なものが、地球の大気の影響から逃れられる宇宙で天文学をおこなう、大型望遠鏡の開発だった。

　NASAはこの目的を果たすため、最終的にハッブル宇宙望遠鏡（HST：ハッブル）を開発して1990年に打ち上げた。ハッブルは深宇宙を観測し、宇宙とその中にある私たちの地球について、たくさんのことを理解するのに役立つ望遠鏡だった。ハッブルの運用は当初は2005年までの予定だったが、今も健在で、恒星や銀河やその他の天体の形成・進化をと

> 「素晴らしい瞬間です。
> 非常に多くのJWSTの関係者とチームが20年以上も続けてきた努力の賜物です。
> 皆さんを大変誇りに思います」
> ——ピエール・フェルート博士（ESA JWSTプロジェクト科学者、NIRSpec主任研究者）

左：ジェイムズ・ウェッブ宇宙望遠鏡の概念図。

らえた驚くべき画像を送り届けている。しかし、ハッブルは主に可視光線と紫外線（UV）で宇宙を観測していて、より波長が長い赤外線しか放出しない天体を観測できる設計にはなっていない。これは問題だ。遠く離れた明るい天体から地球に届く光は、宇宙が膨張して天体がより遠くへと運ばれているせいで、波長が引き伸ばされることを私たちは知っている（これを「赤方偏移」と言う。3章を参照）。つまり、遠くの星からくる光は初めは紫外線か可視光線として放射されるのだが、旅の途中で引き伸ばされて赤外線に変わるのだ。そのため、きわめて遠くにある天体を見たい場合には、ハッブルは使えないのである。同様に、光は私たちに届くまで時間がかかるので、私たちに見ることができる最も遠い天体は、最も古い天体でもある——いいかえれば、実際に私たちが目にするのは、天体から最初に光が出発した時点の姿なのだ。これが、ハッブルでは宇宙最初の恒星や銀河を観測できない理由だ。

ハッブルがとてつもない成功をおさめつつある頃にはもう、私たちはさらに一歩先の世界へと進むことを求められていた——つまり私たちには後継機、「次世代宇宙望遠鏡」が必要になったのだ。それがウェッブだった。ウェッブは赤外線で観測をおこなう設計になっていて、ビッグバンの後に誕生した最初の恒星や銀河を見ることができる。赤外線で観測できるということは、誕生直後の新しい星や死につつある年老いた星を取り巻く塵の雲を見通すのにも使えることになる——可視光線では塵を通過することができないのだ。私たちはウェッブで、銀河が進化したり相互作用したりするときに何が起こるのかを観察できるし、太陽以外の恒星を回る「系外惑星」

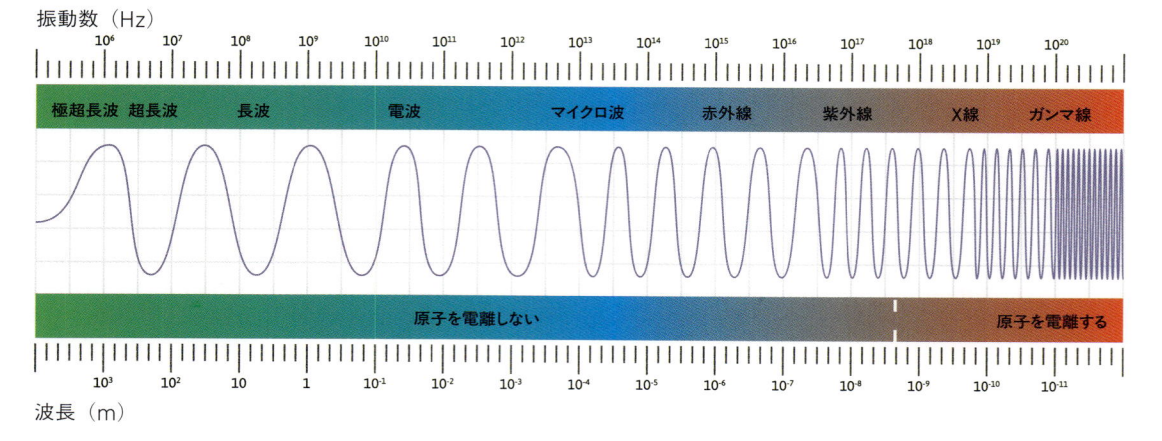

上：光の電磁スペクトル。

「当時のNASA長官は、そのアイデアに取り組んでいた人々に、
もっと野心的に、さらに大きな主鏡を検討するよう促しました。
JWSTの設計はもともと8mの主鏡として始まりましたが、
最終的には現実的理由から6.5mとなりました」
──ピーター・ヤコブセン教授（ESA JWSTプロジェクト科学者、〜 2011年）

も観測できる。系外惑星を探すことで、生命の起源についてより多くのことを理解できるはずだ。より高性能になったウェッブの能力を使えば、私たちの太陽系もより詳細に調べることができるだろう。

革新的な性能

1980年代から、科学者たちは折りたたんで展開することができる未来の赤外線望遠鏡と、そこで必要となる観測装置の種類について考えてきた。赤外線望遠鏡のコンセプトはNASAの2020年までの最重要ミッションに選定され、2004年に本格的に開発が始まった。ウェッブを実現した人々は、宇宙最初の恒星から届くきわめてかすかな光を検出するためには、過去に開発されたどんな望遠鏡よりもずっと強力な宇宙望遠鏡が必要であると考えた。ウェッブはハッブルよりも100倍強力だ。その性能は主鏡のサイズに依存する。ハッブルは口径2.4m（7.9フィート）だが、ウェッブは6.5m（21.3フィート）だ。これほど大きな望遠鏡は一枚鏡としては打ち上げられたことがなく、18個の巨大な分割鏡に分けて製造し、折りたたんでロケットの内部に搭載して、宇宙空間で展開・配置しなければならない。主鏡は特殊な軽量のベリリウム製で、金でコーティングされている。金は赤色

から赤外線にかけての光を最もよく反射する素材の一つだからだ。金の蒸着膜はきわめて薄い。主鏡に使われた金の総量は、もしひとかたまりに丸めたとしてもゴルフボールの大きさにしかならないだろう！

ウェッブがこれほど巨大だということは、最大クラスの地上望遠鏡と同等の能力を持ち、これらと同じくらい詳細なレベルで観測を行えることを意味する。ウェッブは赤外線に特化した宇宙望遠鏡で、地球大気の影響を受けないため、きわめて暗い天体を検出できる素晴らしい感度も持ち合わせている。この大口径と高感度の組み合わせこそが、ウェッブのきわめて革新的な点だ。ウェッブの特殊な光学系は2016年までに組み立てられ、その後は科学観測装置や探査機本体と結合して試験する、長く困難な期間が続いた。

ウェッブは熱エネルギーの一形態でもある赤外線を扱うので、極低温に保たなければならない。つまり、この望遠鏡に搭載する高感度の科学観測機器を、太陽や太陽系の内惑星から届く熱や光から保護する必要がある。保護しなければ、観測機器は大量の赤外線に包まれてしまう。さらに、機体自身から出る熱も遮蔽しなければならない。

ハッブルは530km（330マイル）の高度で地球を周回しているが、ウェッブは地球から約150万km（100万マイル）の距離にある第2ラ

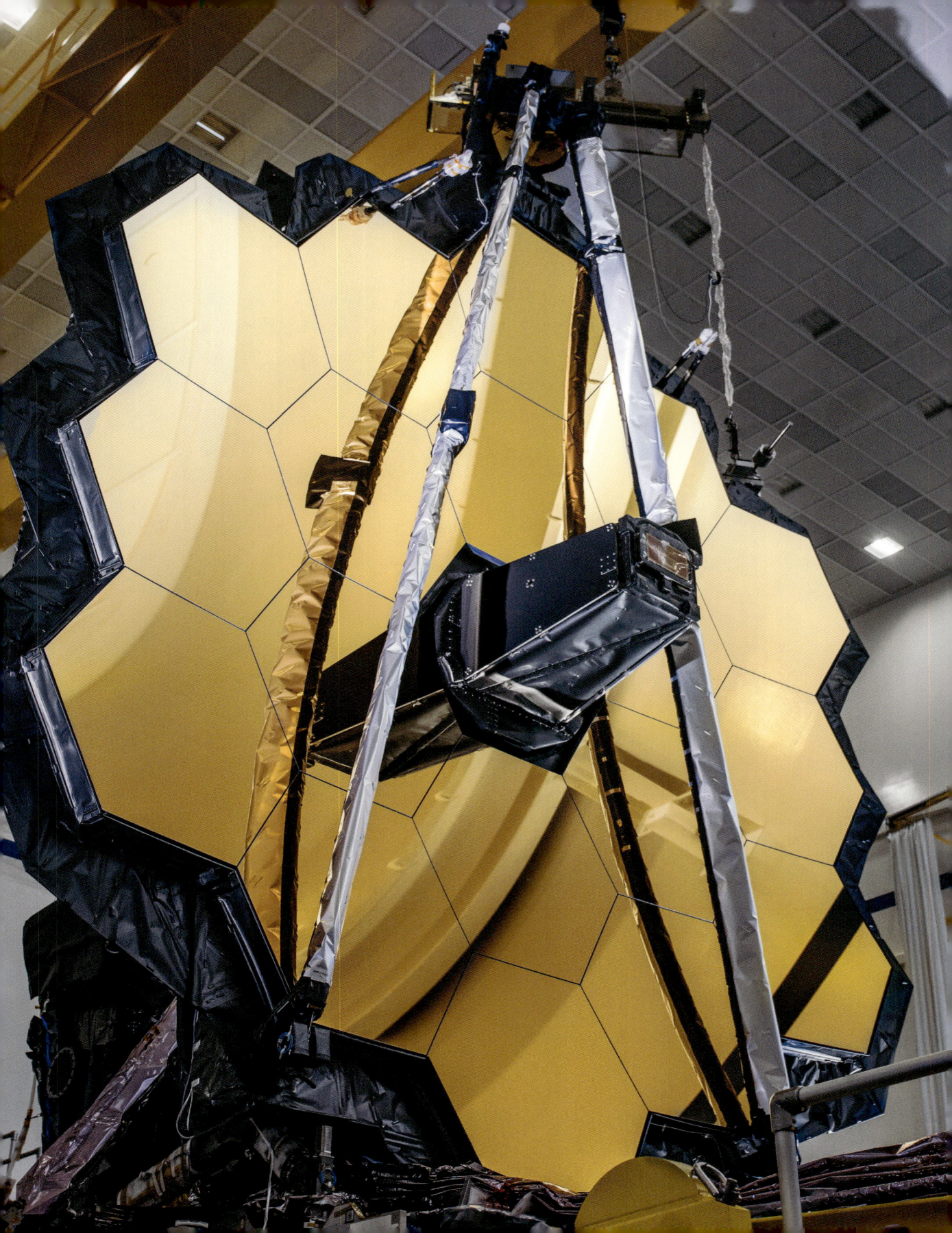

グランジュ点（L2）に置かれて地球を回っている。この点は物体に働くさまざまな力がつり合う場所で、探査機を最小限の燃料消費でとどめておくことができる。このL2でウェッブは深宇宙の極寒の空を見つめていて、太陽光をさえぎるテニスコートほどの大きさの巨大なサンシールド（日よけ）を装備している。このサンシールドは、アルミニウムとケイ素を蒸着した「カプトン」というポリマー素材の5層超薄膜でできている。軌道投入後、この5層すべてを慎重に展開し、隙間を空けて整列させなければならなかった。こうすることで各層が下の層よりも低温になり、最大の遮熱性能を発揮する。望遠鏡と観測装置はすべて、このサンシールドの低温側の高い位置にあり、探査機本体は高温側にある。この2つの間には大きな温度差がある。高温側は水の沸点に近い温度だが、低温側は地球で最も寒い場所である南極の最低気温よりも冷たいのだ。望遠鏡を軌道へと運ぶ探査機本体と巨大なサンシールドは、どちらもアメリカの

ノースロップ・グラマン社が設計・製造した。サンシールドの展開機構もこれに含まれる。この展開機構の開発自体も工学の素晴らしい偉業で、ウェッブチームが乗り越えねばならなかった最大の課題の一つだ。もう一社、アメリカの企業であるボール・エアロスペース社が主鏡システムを担当した。

高度なテクノロジー

ウェッブに搭載されている4つの科学観測装置は望遠鏡の主鏡で集められた光を受けて電気信号に変え、処理をおこなう。これらの装置は、NASA・ヨーロッパ宇宙機関（ESA）・カナダ宇宙庁（CSA）が連携して設計・製造・試験がおこなわれた。4つの装置のうちの2つ、NIRCamとMIRIのチームを主導する主任研究者は女性だ。ウェッブの統合科学装置モジュール（ISIM）には以下の4つの最新観測装置が収められている。

「天文学で成功するにはどうすればいいでしょう？
一つの方法は、より大きな望遠鏡を作ることです。
JWSTは本当に大きい。主鏡は私の家より大きいんです」
――オリビア・ジョーンズ博士〔英国天文学技術センター、エジンバラ〕

左：ウェッブの巨大な主鏡。宇宙空間での状態と同じく完全に展開されている。金が蒸着された分割鏡が見えている。

「赤外線望遠鏡を使うには、きわめて低温に保たなければなりません。JWSTの巨大なサンシールドは『SPF120万』相当の性能です」

——オリビア・ジョーンズ博士（英国天文学技術センター、エジンバラ）

- 近赤外線カメラ（NIRCam）
- 近赤外線分光計（NIRSpec）
- 中間赤外線観測装置（MIRI）
- 精密追尾センサー／近赤外線撮像スリットレス分光計（FGS/NIRISS）

このうち、NIRCam、NIRSpec、FGS/NIRISSの3個の科学観測装置は波長0.6〜5μmの近赤外線で観測をおこなう。これは人間の目に見える可視光線に波長が近い。これらの装置の最適な運用温度は−236℃（−363℉）だ。一方、MIRIはその名のとおり、近赤外線から遠く離れた中間赤外線（5〜28μm）の領域で動作する。これはつまり、MIRIは近赤外線の装置よりさらに低温が必要だということで、運用温度は−266℃（−447℉）、絶対零度のわずか7℃上だ。近赤外線の装置に必要な温度まで冷やすには受動的な冷却でよい。望遠鏡の設計と宇宙空間での位置、サンシールドのおかげで自然に冷える。だが、この程度の低温ではMIRIには不十分だ。地球から約150万km（100万マイル）も離れ、巨大なサンシールドで太陽や探査機本体の熱をさえぎっても、周囲にはまだ観測装置を邪魔する熱エネルギーが存在する。MIRIを運用温度まで冷やすには、一種の特殊な冷蔵庫というべき能動冷却システムが必要になる。この冷却システムがとりわけ特別なのは、きわめて低い電力で動作し、振動がほぼないという

点だ。これによってMIRIは最適な性能を発揮し、画像にブレが生じるのを避けられる。

他の観測装置に加えてMIRIがあるおかげで、ウェッブは生まれたばかりの星や銀河、惑星を覆い隠している濃い塵を研究するのにも役立つ。MIRIは2012年、観測装置の中で最初に引き渡された。MIRIはワシントンDCのすぐそばにあるNASAゴダード宇宙飛行センターに運ばれ、徹底的な統合試験プログラムが始まった。そして他の装置とともにISIMの一部となり、最終的に望遠鏡に組み込まれた。

これらは、ウェッブのさまざまな部品を設計・製造・試験したチームが初期段階で直面した課題のほんのいくつかにすぎない。その次に、すべての部品——望遠鏡とISIM、サンシールド、探査機を統合して試験し、打ち上げに備えて主鏡を折りたたむ必要があった。そうしてついに、この特別な望遠鏡の準備が完了したと全員が確信し、ウェッブは仏領ギアナにある欧州宇宙港に輸送され、アリアン5ロケットでの打ち上げを待つこととなった。

2021年12月25日に行われた打ち上げはきわめて順調だった。軌道は非常に正確で、正しい軌道に投入されるまでの間に探査機が消費した燃料は予想よりずっと少なかった。そのおかげで、当初は10年と見積もられていた運用可能期間は20年近くまで延びた。

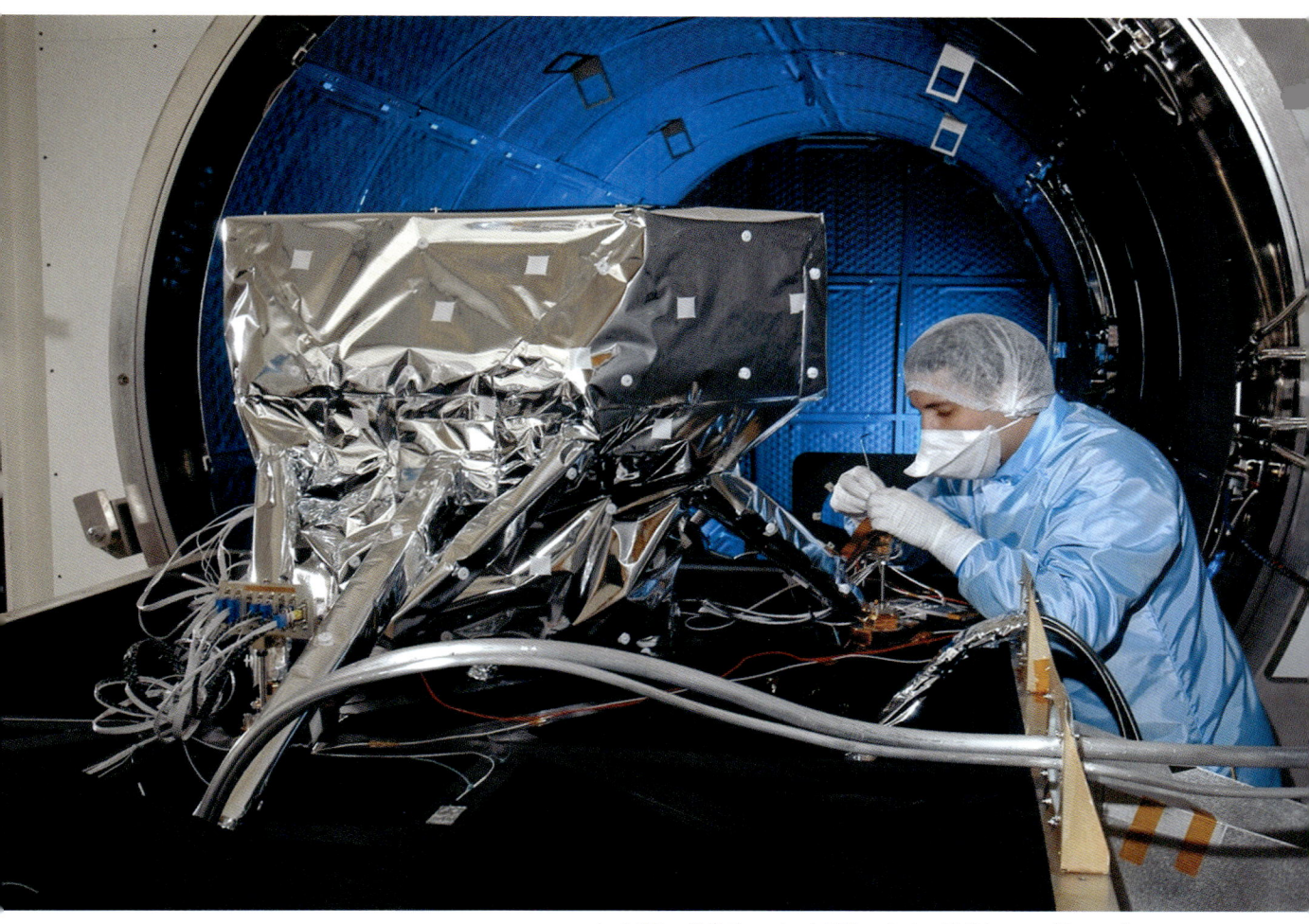

上：MIRIの構造熱モデルを試験のために準備している様子。 英・ラ
ザフォード・アップルトン研究所宇宙部門（RAL Space）にて。

「天文学はテクノロジー、工学、チームワークによって可能となる科学です。
まだ誰も知らない宇宙に関する詳細な事実を見つけ出すことは、
本当にわくわくします」

——ジリアン・ライト教授（MIRI欧州主任研究者、英国天文学技術センター、エジンバラ）

しかし、ウェッブチームや観測データを楽しみにしている科学者全員にとっては、非常に神経を使う時間がその後も続いた——観測装置の故障を防ぐために、すべての装置を所定の手順で冷却しなければならず、その後で電源をオンにして、期待どおりに機能することを確認する宇宙空間での較正作業が必要だった。しかもその前に、L2に向かって飛行しながら望遠鏡の各部を自律的に展開する必要があった。これには宇宙空間で史上初めておこなわれる過程がたくさんあり、文字どおり数百もの異なるステップが完璧に進む必要があったのだ。

特に、巨大なサンシールドの各層を完璧に張って隙間を空けて正しく展開し、巨大な主鏡も開いてすべての分割鏡を信じられない精度で整列させなければならない——わずかなずれも望遠鏡の画質に大きな影響を与える可能性があった。これは大きな技術的挑戦だった。分割鏡は人間の髪の毛の太さよりも小さな誤差で正確に整列させなければならないのだ。主鏡はパラボラ（放物面）になっていなければならないので、中央の分割鏡は端の分割鏡とはわずかに形状が異なっている。一つ

ひとつの分割鏡は、ごくわずかに歪むことで最高の画質を実現するように設計されており、すべての分割鏡で反射光の位相が揃うように整列されるまで、方向の調整が続けられた。

ここで注目すべきは、開発当時、この調整を簡単におこなうための波面検出や制御の手法は存在しなかったという点だ。そこでウェッブの技術者たちはその方法も発明した。実際には鏡の整列作業は非常にうまくいき、感度もきわめて優れている。ウェッブの性能は32km（20マイル）離れた場所にある小さなコインを見分けられるほどだ。現在のウェッブは、われわれに作りうる限りの最高の状態となっている。さらに、宇宙技術が他の分野にも応用された素晴らしい実例の一つとして、この新技術は眼科のレーザー手術や診断にも採用されている。

もちろん、すべてが順風満帆だったわけではなく、この望遠鏡を開発した25年の間には、このたぐいまれな天文台が将来実現するのか疑わしくなるような場面が何度も起こった。このミッションはきわめて革新的だったため、膨大な数の解決すべき技術的問題が次

「われわれ科学者は無い物ねだりをします。
私たちを地上に引き戻し、技術的・財政的に実現可能な範囲で作ろうと
一緒に努力するのが技術者と管理職の役割です」
——ピーター・ヤコブセン教授（ESA JWSTプロジェクト科学者、〜2011年）

右：アリアン5ロケットの打ち上げの瞬間。

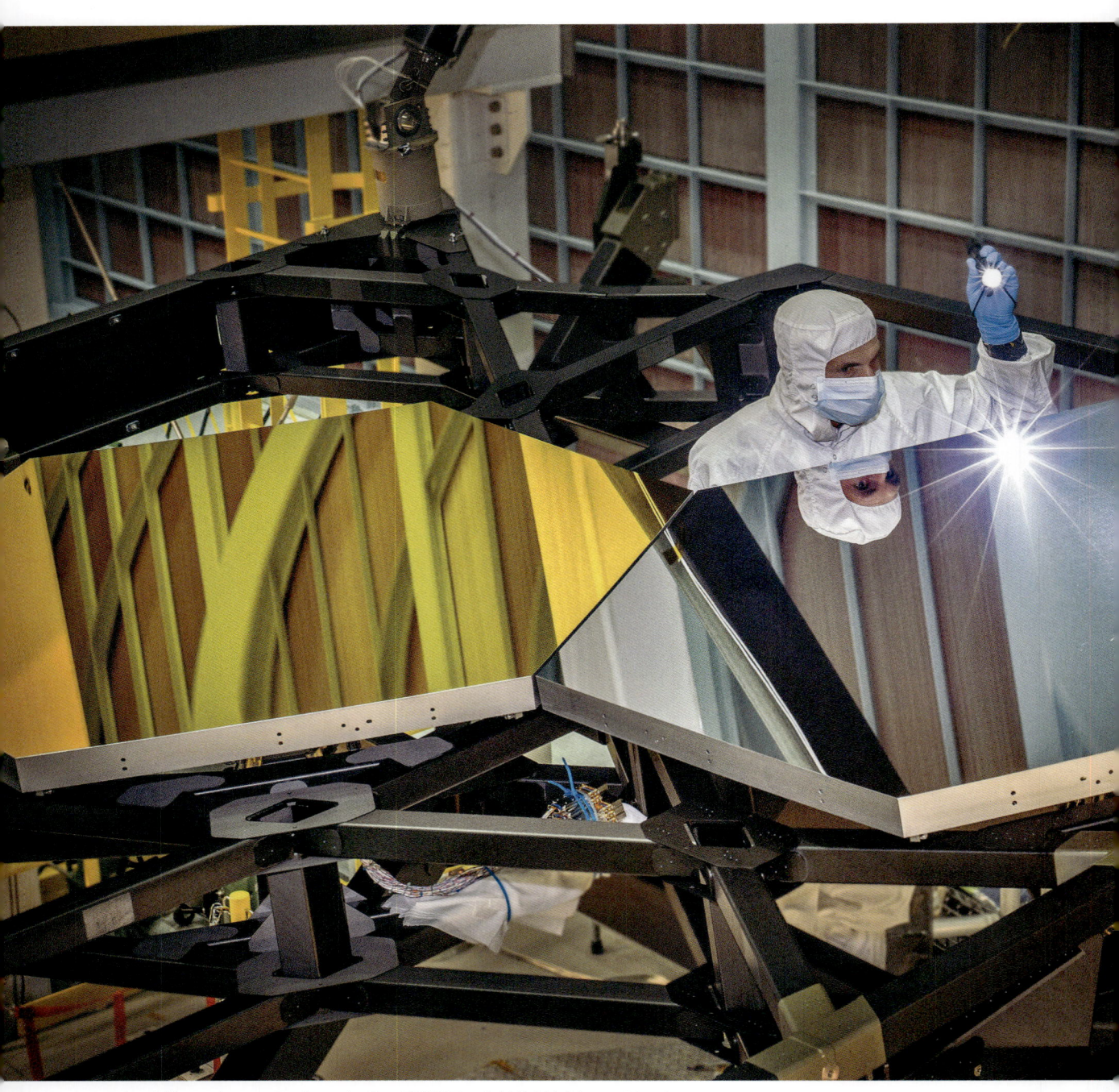

上：光学エンジニアのラーキン・キャリーが試験用の分割鏡を検査しているところ。

から次へと降ってわいた。さまざまな要素がすべて期待どおりに動作することを検証・確認する、長く過酷な試験の期間も数多くあった。それだけでなく、もっと退屈な問題もあった。NASAがこのミッションに最終的に費やす費用はほぼ100億ドルに達する。これは当初の計画をはるかに超えており、2011年にはコストの増大を理由に、危うくプロジェクトが中止される瀬戸際にも立たされた。

だが、今やすべては過ぎ去ったことだ。ウェッブは完全に展開され、すべての観測装置は較正とチェックがおこなわれ、望遠鏡は正常に機能している。画像やスペクトルのデータは鮮明さも精度、感度も予想をはるかに上回っている。光学系の精度も予想以上で、期待していた以上の細部まで観測することができる。望遠鏡を目標天体に向ける精度も事前の予測を上回っており、科学観測装置も予想以上の感度を実現している。ウェッブの機体には燃料補給用のポートもあり、理論的には燃料を積んだ補給機を何とかしてL2まで送り込み、ウェッブに燃料を補給することすら可能だ。今のところ計画はないが！

望遠鏡の展開に成功したのは、ともに働いてミッションを成功に導いた、世界14か国の数万もの科学者、エンジニア、技師たちの努力と決意、創意工夫と忍耐の賜物だ。誰もが指摘するのは、このプロジェクトには異なる文化を受け入れ、言葉の壁を乗り越えようとする強い意志があったという点だ。ウェッブが実現したのは、そんな人々のチームが知識を共有しながら一緒に働き、最初の問題を解決し、さらに別の問題を一つひとつ解決していって、ついに2021年12月25日を迎えたからだ。ウェッブは夢ではなく、現実のものとなった。

開発の歴史

ウェッブにはたくさんの「史上初」がある。現時点で最大の展開可能な宇宙望遠鏡であること。初めて宇宙に打ち上げられた分割鏡であること。絶対零度よりわずかに高い運用温度までMIRIを冷却できる無振動の能動冷却装置。宇宙で展開する巨大なサンシールド、などだ。光学系のさまざまな要素を検証する試験期間に使われた高度なコ

ンピューターモデルも画期的だった。だが、作業は今も続いている。NASA、ESA、CSAの科学者や技術者、アウトリーチの専門家が現在、アメリカ・ボルチモア州にある宇宙望遠鏡研究所（STScI）のJWSTミッション運用センターで働いている。この研究所は全米天文学大学連合（AURA）によってNASAのために運営されている。今やミッションは本格的に稼働していて、観測装置は予想を10%以上上回る性能を発揮している。望遠鏡の寿命も当初計画されていた5年の期間を超えて20年も使えそうだ。世界中の科学者が、ウェッブにたずさわるこの巨大チームが非常に有能で献身的であることを喜ばしく思うはずだ。ウェッブは私たちに、宇宙に関する新たな発見をなし遂げられる無限の可能性があることを教えてくれた。早くも数々の科学的ハイライトが発表されていて、こうした成果が広い研究分野に影響を与えているのを見られるのは驚きだ。

ウェッブはすでに、宇宙科学における最大の謎のいくつかについて、その答に近づくヒントを与えてくれている。その謎とは、このようなものだ。「私たちの太陽系は他にない特別な性質を持つのか？」「星はどのように誕生し、死を迎えるときには何が起こるのか？」「初期宇宙はどのように進化したのか、ダークマターの正体は何か？」「銀河はどうやってできたのか、銀河同士の相互作用の仕方を決めているのは何か？」「ブラックホールはどんな活動をするのか？」「われわれの太陽系の外にある惑星に生命は存在するか？」。この本の各章では、これらの謎を一つずつ取り上げ、ウェッブがこれまで提供してくれた驚くべき画像とわくわくするような新発見を通じて解説する。あなたを宇宙の最果てへの旅にいざない、その始まりまで時をさかのぼって見ていこう。

「この国際協力に加わるすべての国々の最高の科学技術を結集することで、私たちは自分たちだけでするよりも、はるかに多くのことをなし遂げることができます」
——マーク・マコーリアン教授（NASA JWST学際科学者、ESA上級科学探査顧問）

「世界は再び新たな時代を迎えつつあります」
——エリック・スミス博士（NASA JWSTプログラム科学者）

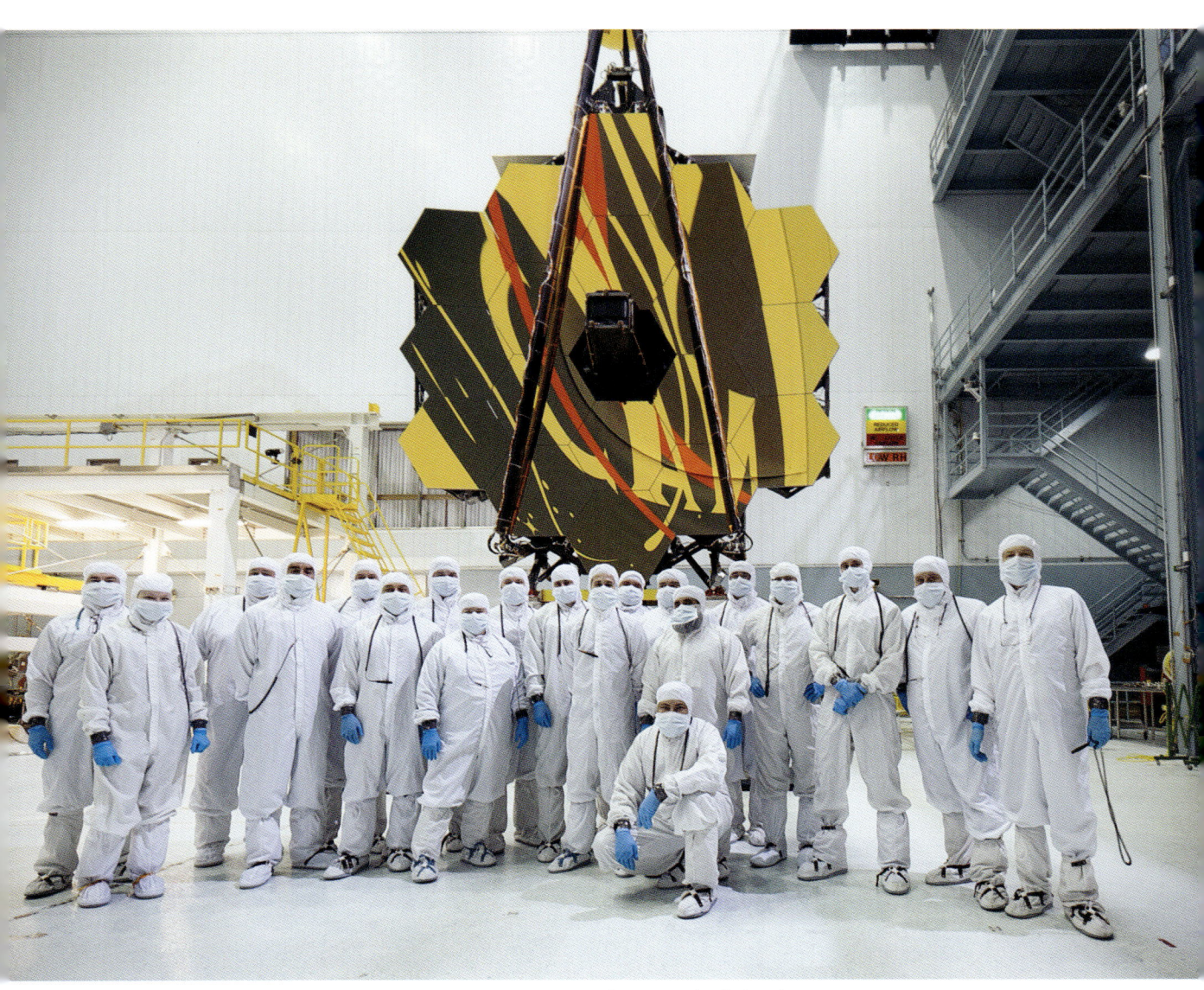

上：ウェッブの主鏡の前で集合写真に納まるクリーンルームのスタッフ。

第 1 章
太陽系

身近なところを見る
——ウェッブと太陽系

　ジェイムズ・ウェッブ宇宙望遠鏡（JWST：ウェッブ）の打ち上げからわずか数か月後に公開された最初の画像は、遠く離れた銀河や星形成が起こっている星雲に焦点を当てたものだった。ウェッブの第一の目的は、最新鋭の赤外線観測能力を使って、遠方の初期宇宙をかつてないほど詳しく観測し、宇宙の歴史についてより多くの情報を私たちにもたらすことだ。しかし、この画期的な天文台はもっと身近な場所も見ることができる。初期に公開された画像の中には、太陽系最大の惑星である木星をとらえた、忘れがたい美しさを持つ、驚くほど精細な画像もある。これらの画像は、宇宙についての私たちの理解と認識を深めてくれる、ウェッブの並外れた能力を示している。これらの画像には科学界も一般の人々も大きな興味をかき立てられた。

　だが、ウェッブはそれ以上のものをまだまだたくさん届けてくれた（それは今も続いている）。初期の木星画像が大きな反響を巻き起こして以来、ウェッブは他の外惑星である土星・天王星・海王星の観測にも挑み、さらには火星も眺めることができた。これは赤外線望遠鏡にとっては大きな挑戦だ。火星は太陽にずっと近いので、結果的に大量の熱エネルギーを生み出すからだ。

▎木星：太陽系の巨大惑星

　木星は嵐が激しく巻き起こる、荒々しい惑星だ。嵐の一部は地球からも小さな望遠鏡で見ることができる。木星には雲の濃い帯があり、時速数百 km の風が吹きつけ、地球の雷より数百倍も強力な稲妻が光っている。木星はガス（ほぼ水素）でできた巨大な球で、太陽系の中でも群を抜いた最大の惑星であり、地球では想像もつかないほど極端に大きな重力、温度、圧力にさらされている。実際、木星内部の圧力は非常に高いため、水素はまず液体となり、中心核に近い場所では「金属水素」になっている。木星は太陽から約7億8000万 km（約5億マイル）も離れているので、太陽から受ける光の強さは地球の約4%しかない。

　木星の熱エネルギーのほとんどは太陽からではなく、中心核の強い重力と圧力で生じている内部プロセスから生み出されている——木星の中心部は地球の中心核より4～5倍も熱い可能性があるのだ。中心部から離れると、周囲の温度は地球のように赤道からの距

左：ウェッブのNIRCamによる木星の合成画像。
　　赤外線で撮影されたが、画像処理で擬似カラーが着色されている。

上：ハッブル宇宙望遠鏡が撮影した木星

「私は巨大惑星の『エネルギー危機』の解明に取り組んでいます。
これは（木星のような）巨大惑星の上層大気が、
私たちの最良のモデルで予測される値よりも
数百度も高温の状態で観測されるという現象です。
このエネルギーはどこから来るのでしょう?
JWSTの『宇宙を見る新たな眼』ができる前は、
大気の上層と下層を同時に観測することはできませんでしたが、
今では可能になりました」

──ヘンリック・メリン博士（レスター大学UKRI科学技術施設会議ウェップ・フェロー）

離によって変わるのではなく、惑星の「表面」からの高さに応じて変化する。木星の「表面」は科学者によって、圧力が地球の地表の大気圧と等しいガス層と定義されている。表面より上の温度勾配は単純なものではない。「表面」の温度は平均で−110℃（−166°F）で、表面から最初の約50km（30マイル）までは、中心核から離れ、内部プロセスで生じる熱からも遠ざかるため、高度が上がるほど温度は下がる。だが、この層より上では、高度が上がるにつれて温度は上昇し始める。大気の最外層では、表面より数百度も高い激しい温度になることもある。

　なぜこのようなことが起こるのか、まだ正確には分かっていないが、木星の強い磁場の効果によるものと考えられている。木星にも地球と同じくオーロラがあるが、木星のオーロラは常に存在している特徴となっている。この変化する色とりどりの光の筋は、荷電粒子が強い磁場に捕まり、極に向かって流れ込むことで生まれる。これが極端な温度変化と熱波を生み出し、風速を加速させて激しい嵐を駆動しているのかもしれない。このような木星の嵐の中で最大のものが大赤斑だ。これは巨大な高気圧性の嵐で直径は地球より大き

く、何世紀にもわたって存在し続けている。しかし、どのようにしてこのような気象システムが生まれるのか、詳しいことはほとんどが謎のままだ。ウェッブから届くわくわくするような新しいデータは、この惑星の大気の構造や組成をかつてないほど詳細に示している。こうしたデータは、木星の極端な気象条件が生み出されるしくみについて、科学者たちがこれまで以上に多くのことを理解する助けとなるだろう。

　26ページの詳細な木星画像はNIRCamで撮影された。これは合成画像で、いくつかの異なるフィルターを使って撮られた複数の画像を1枚の高精細画像にしたものだ。人間の目は赤外線を見ることができないので、ウェッブがとらえたさまざまな波長の光を可視光線のさまざまな色に割り当てている。長い波長の赤外線は赤に、短い波長は青寄りの色になっている。そのため、私たちが可視光線で望遠鏡を使って木星を見たときに肉眼で見える色とは違っているが、こうして処理されたウェッブの赤外線画像は、これまでとは異なる方法で木星を私たちに見せ、驚くべき新たな詳細を明らかにしてくれる。

　こうした画像の合成にはたくさんの作業が

必要で、ウェッブ科学チームは熱心なアマチュア天文家に一般公開用データの画像処理をボランティアで支援してもらっている――カリフォルニア州モデストのジュディ・シュミットのような市民科学者による成果はNASAに採用され、NASAが公開する公式の画像も彼らがいくつか作成している。

オーロラは、地球と同じく北極と南極に、赤い色で見えている。他の場所の赤い色は太陽光が低い雲で反射している部分だ。青い色は惑星を覆っている低高度の雲からの光を示している。白い斑点や赤道付近にある帯は、高温で非常に高度の高い嵐の雲の頂上部分で、わずかな太陽光をより強く反射している――大赤斑がこの画像で白く見えているのもこのせいだ。対照的に、暗い帯の部分にはほとんど、またはまったく雲がない。黄色と緑色の部分は極域に渦巻くもやを示している。

比較のために、28ページのハッブル宇宙望遠鏡（HST）が撮影した画像を見てみよう。ハッブルは木星の美しいスナップ画像を長年にわたって撮影している。ウェッブはハッブルよりもさらに進歩していて、かつてない感度で、これまで見えなかったオーロラの細部や嵐の集まりを見せてくれている。こうした高い性能が、木星の気象系のしくみについて新しい知見をもたらすと期待されている。

ウェッブは、ハッブルの画像には写っていない木星の環や小さな衛星の姿も、かつてないほど詳細に明らかにしている。次ページにあるのはウェッブが撮影した広視野画像で、赤外線が異なる方法で処理され、木星を取り巻く淡い環が姿を見せている。この環は、衛星に隕石が衝突して生じた塵や小さな固体物質の巨大な雲でできていて、これらが木星の軌道に捕まったものだ。ウェッブの画像がきわめて高い感度と安定性を持っているおかげで微細な細部をとらえることができている。この2つの特長によって、この塵の環のように、非常に明るい天体のそばにあるきわめて暗い構造を見ることができる。この環は木星本体よりも100万倍も暗いものだ。

この画像でも、両極域に明るいオーロラを見ることができる（南極側のオーロラには回折効果が表れている）。木星にたくさんある衛星のうち、最も小さな2個が写っているのも見分けられる。左に離れて明るい光を反射しているアマルテアと、アマルテアと木星の間、環の端の位置にいて、はるかに暗い光を放つアドラステアだ。背景に写っている小さな暗い光点はおそらく遠方の銀河で、一つひとつが数十万光年の大きさを持っている。左の方にはもう一つ、木星の別の衛星であるイオからの回折の光芒が写り込んでいる。

ウェッブと木星の衛星：生命のいる衛星はあるか？

木星で最も大きな4個の衛星――イオ、ガニメデ、エウロパ、カリスト――は多くの点で衛星というよりは惑星に近い。科学者たちはこれらの衛星に地球外生命が存在する可能性について考えている。例えば、エウロパは地球のおよそ4分の1の大きさで、地上望遠鏡や探査機による観測で、酸素とおそらく水蒸気を含む薄い大気が存在することが分かっている。エウロパの表面は主に厚さが15～25km（10～15マイル）の水の氷だと考えられている。また、この氷の地殻の下には巨大な液体の水、または水と氷からなる海が広がっ

北極のオーロラ

環

アマルテア　　アドラステア

イオからの
回折の光芒

環

南極のオーロラ

オーロラの回折

上：ウェッブのNIRCamによる木星系の合成画像。
　いくつかの衛星と環の名前が入っている。

「この1枚の画像には、木星本体や環、衛星系の動力学や化学を
研究するという私たちの木星系プログラムの科学が要約されています。
正直言って、これほど見事に写るとはまったく予想していませんでした。
木星の細部と環、小さな衛星、さらに銀河までを1枚にまとめて
見られるというのは本当に素晴らしいことです」
──**イムケ・デ・パーター教授**（カリフォルニア大学バークレー校）、
　ティエリー・フーシェ博士（フランス・パリ天文台）

ている十分な証拠がある。実際、科学者たちは、エウロパに存在する液体の水は地球より多い可能性があると推定している。液体の水の存在は、私たちが知るような生命にとっては不可欠だ——この地下海に生命体がいる可能性はあるだろうか？

　エウロパは太陽から遠く離れているが、地下海を液体の状態に保っている熱エネルギーはどこからくるのだろう？　この衛星は木星の重力によって生じる強い潮汐力で伸び縮みしている。これは地球の潮汐が月との相互作用で起こるのと同じしくみだ。この潮汐による運動が熱を生み出しているのだ。エウロパでは潮汐は氷を曲げてひび割れさせる働きもしていて、おそらく深海の熱水噴出孔から水蒸気のジェットが高速で噴き出し、宇宙空間に数マイルも放出されている。地球の生命は海の熱水噴出孔で誕生したと考えている科学者もいる。これは、エウロパの氷の下でも生命が誕生する可能性を示唆するものだ。ウェッブの目的の一つは、氷を通してこうしたジェットが噴き出す可能性が高い表面のホットスポットを特定して、噴出する水蒸気の組成を分析し、水や炭化水素のような「バイオマーカー」〔訳注：生命が存在する証拠となる物質など〕を見つけて水蒸気の温度を見積もることだ。液体の水、熱エネルギー、そして適切な化学反応というこの有望な組み合わせがあるために、エウロパは太陽系の中でも科学的に最も興味深い天体の一つとなっており、その私たちの調査の中心にウェッブがいるのだ。もしバイオマーカーとなる分子が水蒸気ジェット

から見つかれば、多くの科学者はこの氷天体に向かって表面に着陸機を降下させ、氷の割れ目から生命体の証拠を探すという将来のミッションを望むだろう——これは文字通り、「魚探し」〔訳注：原文には「当てもなく探し回ること、あら探し」という意味もある〕の探査だ。

ウェッブと赤い惑星

　ウェッブは太陽を見ることはできない。水星・金星・地球も観測できない。ウェッブの超高感度検出器は赤外線で作動するように設計されていて、きわめて遠方にある星々からの非常にかすかな光をとらえるために、装置を極低温に保つ必要がある。つまり、望遠鏡の方向を常に太陽から遠ざけて宇宙に向け、内惑星が反射する明るい太陽光からも遠ざけておかなければならないということだ。もしウェッブを太陽に向ければ、観測装置が膨大な光で溢れ返り、飽和して観測できなくなってしまうだろう。しかし、運用方法を少し変えれば、ウェッブはぎりぎり火星なら何とか観測できる。

　これまで私たちは、探査ローバーを使って火星表面のデータを集め、高度10kmより高い範囲は軌道周回機や望遠鏡で観測できている。だが、これらの間の高度にある大気や、そこに影響を与えているプロセスについてのデータは不足している。今やウェッブは、火星の全体像を私たちに提供できる潜在能力を持っている——火星大気の上から下まで、全体を研究できるのだ。これによって研究者

右：木星の衛星エウロパの地下海を描いた想像図

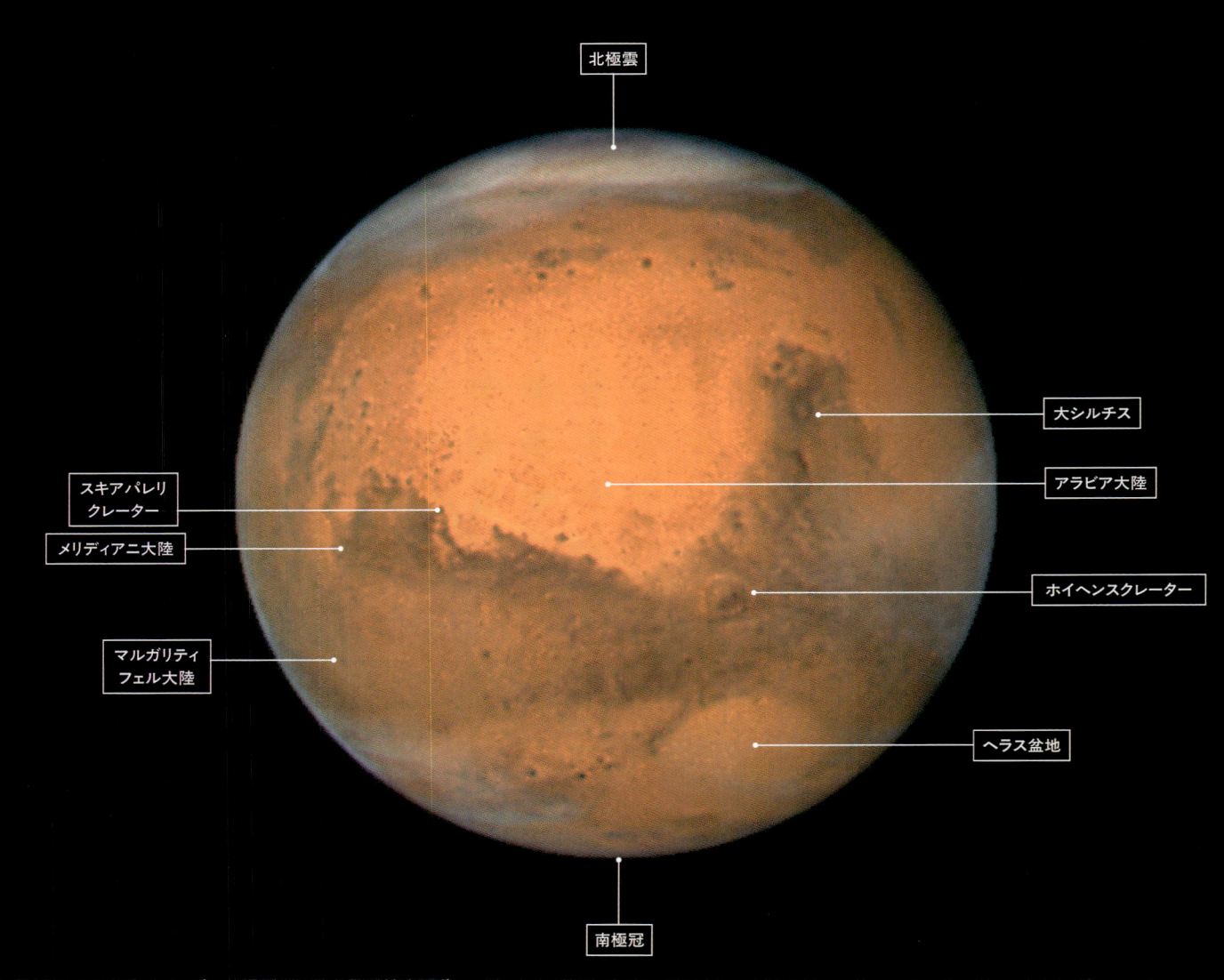

北極雲

大シルチス

アラビア大陸

スキアパレリ
クレーター

メリディアニ大陸

ホイヘンスクレーター

マルガリティ
フェル大陸

ヘラス盆地

南極冠

上：ハッブルで撮影された火星の拡大画像

「火星は非常に明るいので、どのように観測するかが課題となっています。
JWSTを使えば、この赤い惑星をすぐれた解像度で探査することができます
——その分解能は赤外線宇宙望遠鏡の回折限界に達していて、素晴らしいものです。
火星の全体を見ることができ、大気に含まれる微量のガスも探索できます」
——ジェロニモ・ヴィジャヌエヴァ博士（NASAゴダード宇宙飛行センター）

は、ドラマチックな砂嵐などの火星の気象や季節変化をより深く理解できるようになるだろう。こうした知識はすべて、人類が将来火星の表面に着陸するときには不可欠なものになる。だが、火星は木星ほど太陽から遠くはないので、太陽光を反射して非常に明るく見え、ウェッブの超高感度検出器にとっては明るすぎる。では、どうすればウェッブで火星を観測できるのだろうか？

　検出器が光で飽和するのを防ぐためには、ウェッブの運用方法を調整しなければならない——下の画像はNIRCamで撮影されたものだが、この撮影では露出時間を非常に短くして、カメラに届く光の一部だけを実際に測定するようにした。左の画像はより波長が短く、太陽の反射光をとらえている。この画像では、遠い昔に別の天体が衝突してできた直径450km（280マイル）の巨大な「ホイヘンスクレーター」や、暗い色の火山岩が広大な地域に広がる「大シルチス」など、よく知られた地形を見分けることができる。

　右の画像は、より長い波長の赤外線で撮影されたもので、太陽光がより高い位置から直接射している、明るく温度の高い領域が写っている。この領域は大まかには両極に近づくほど暗く低温になっている——非常に暗く写っている北半球は冬を迎えていて、表面温度は氷点下をはるかに下回り、およそ−153℃（−225°F）まで下がっている。これは地球で記録された最低気温よりもずっと低い。対照的に、明るい黄色の領域ははるかに暖かい——南半球は夏を迎えており、温度は心地よい21℃（70°F）に達することもある。だが、ここで異常な点が一つある——この波長で見

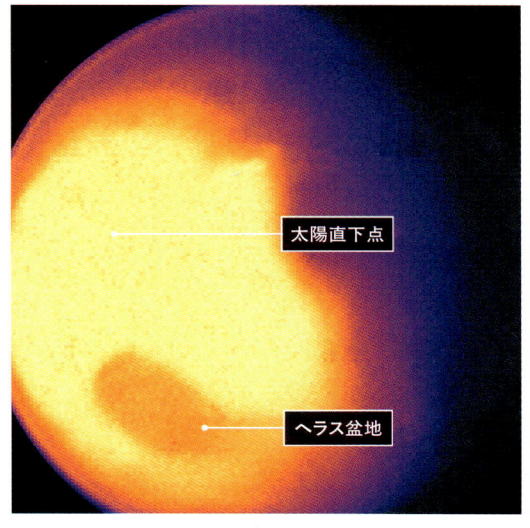

上：NASAがウェッブで撮影した最初の火星の画像

「惑星観測において、JWSTは二つの他にない強みを同時に実現しています。
一つは、全球の高解像度画像を得られる能力、
もう一つは、他の天文台では達成できない分光波長域をカバーする能力です」
──ジュリアーノ・リウッツィ教授（NSAAゴダード宇宙飛行センター、アメリカン大学、ワシントンDC）

ると、別の衝突地域である「ヘラス盆地」が、火星の1日のうちで最も暑くなる時間帯でも暗いままなのだ。これは温度に関係しているのではなく、この盆地が火星で最も深いクレーターであるために、気圧が相対的に高いことによる。これらの条件のもとでは、表面で反射して火星大気を通過してくる赤外線が大気中のCO_2に効果的に吸収されるのだ。

ウェッブの新技術は非常に強力で、火星の日々の短期間の気象パターンを見ることができ、劇的な砂嵐を詳しく観測し、雲や塵、地表の岩石の組成を調べる能力も私たちに与えてくれる。科学者たちは火星大気に含まれるメタンなどの微量のガスを探ることもできる。メタンは過去の火星に生命が存在したことを示す指標にもなりうる。

ウェッブと外惑星

巨大な外惑星やその衛星を、ウェッブに搭載されているような高感度の赤外線装置で観測するのはずっと簡単だ。これらの天体は太陽から遠く離れていて、木星や火星よりもずっと暗い。その遠さゆえに、かつてはこれらの詳細な画像を得るのは難しかった。ウェッブはそのすぐれた感度のおかげで、太陽系で最も遠いこれらの惑星たちについても、見事な画像やデータを届けてくれている。

土星の衛星タイタン

土星は木星と同じく巨大ガス惑星で、主に水素とヘリウムからなる。土星で最大の衛星タイタンは太陽系で最大級の衛星でもあり、地球と同じように濃い大気を持つ唯一の衛星として知られている。大気の主成分は窒素だ。タイタンには地球と同じように河川や湖や海があるが、これらは水ではなく液体のエタンとメタンでできていると考えられている。タイタンの氷の表面の地下には液体の水からなる地下海があると推定されている。

これらすべての特徴によって、タイタンは外惑星系の中でも特に魅力的な研究対象となっている。だがこれまでは、タイタンの大部分を直接見ることや、何を見ているのかを理解することが難しかった。その理由の一つは、大気が非常に濃いからだ。現在ウェッブは、赤外線で観測できる能力を使ってこの大気を見通し、タイタンの素晴らしいデータを届けてくれている。得られた画像はぼやけて見えるが、科学的価値は非常に大きい。なぜなら、科学者たちがこれらの画像から、クラーケン海という地域の大気中に見られる明るい白い領域を嵐の雲であると確実に特定できたからだ。ウェッブのデータとハワイのケック天文台によるこれらの領域の追観測とを組み合わせることで、科学者たちはこれらの雲が移動し、形を変えている様子を観察できた。これは、タイタンの気象に関するコンピ

ューターモデルの正しさを裏付けた、わくわくする結果だ。このモデルによると、雲の形成に季節変動があることが予測されている——ウェッブが観測したのは北半球の夏だが、モデルによれば、この時季に最も雲ができやすいと予測されているのだ。

これまでは、タイタンについてより深く知ろうとすると、経験に基づく推測に頼るしかなかった。だが、これからしばらくすれば、タイタンの下層大気の組成をより詳しく理解でき、地球に最もよく似たこの衛星の気象の原動力となっている大気プロセスを知る上で、ウェッブのデータが役に立つだろう。最終的にNASAは、タイタンに「ドラゴンフライ」というヘリコプターを送り込むことを計画している。そのため、タイタンの正確な天気予報が必要になるだろう！　いつの日か、太陽系の中でなぜタイタンだけが地球のような濃い大気を持つ衛星なのかという謎が解かれることを期待したい。

エンケラドスと水のプリューム

エンケラドスは土星で6番目に大きな衛星で、大きさはタイタンの10分の1ほどしかない。にもかかわらず、エンケラドスは太陽系で最も興味を引く衛星の一つで、これまでの天体と並んで、私たちが研究したいと強く望んでいる対象だ。木星の大きな氷衛星と同じように、エンケラドスの凍った地表の下には広大な海が存在する確かな証拠がある。さ

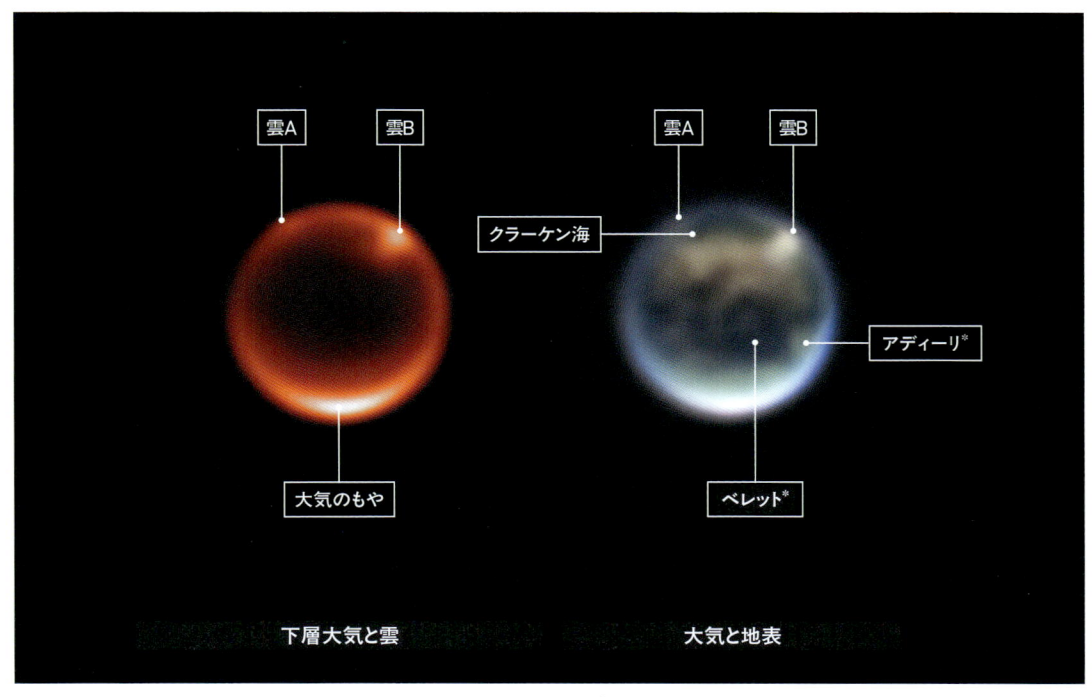

上：ウェッブのNIRCamがとらえた土星の衛星タイタンの2枚の画像

（＊訳注：アディーリは周囲より明るく見える部分、ベレットは周囲より暗く見える部分の地名として命名された）

らに、2005年にはNASAの探査機「カッシーニ」が、エンケラドスの氷地殻を突き抜けて巨大な間欠泉が時速数百kmで水蒸気を噴き出している様子を観測した。この超音速の水蒸気ジェットには水と二酸化炭素、メタンが含まれていることが分かっている——これらはすべて生命の存在と関連付けられる物質だ。

エンケラドスもウェッブにとって明らかな興味をかき立てる観測対象の一つで、実際に期待を裏切らない成果をあげている。NIRSpecによる新たなデータでは、エンケラドスの南極から巨大の水蒸気のプリューム（噴煙状の噴出物）が見られることが明らかになった。このプリュームは1万km（6000マイル）以上——ロンドンとロサンゼルスの間の距離より遠く——まで噴き出していて、その噴出速度は毎秒300リットル（80ガロン）という信じられない量だ。

さらにNIRSpecは、この水がエンケラドスから土星系全体に供給されている様子も明らかにした——エンケラドスは土星の周りを短い時間で公転しているため、水が噴出することでエンケラドスの後ろにリング状の水蒸気のハロー（トーラス）を形づくる。NIRSpecは非常に感度が高いので、トーラス内部に水蒸気が存在することも確認できた。科学者たちはプリュームの水の30%がトーラス内に留まり、残りはトーラスの外に流出して、複数の衛星や環など、土星系全体に行き渡ることを計算で突き止めることができた。

次ページの概念図では、上のメインの図が全体の状況を表している。土星と水蒸気のトーラス（青色）が描かれていて、エンケラド

スは土星を公転する小さな白い点として、トーラスの中にいる。左の挿入図はNIRCamで撮影された実際の画像で、エンケラドスとプリュームの両方が写っている。画像は粗くピクセル化されているが、プリュームがエンケラドス本体よりずっと大きいことが分かる。右下はNIRSpecでとらえられた光のスペクトルだ。白い線が実際のデータ、色のついた線がデータに最もよく合う水の輝線スペクトルの位置を表している。紫色の線はプリューム、緑色はエンケラドスの周辺領域、赤色はトーラス部分から出た光のスペクトルを表している。白線と色のついた線の形にはどれも強い相関がみられ、どの場所にも水が確実に存在することを示している。

これらのシステムの中での水のバランスを知ることができれば、エンケラドスに生命が存在する可能性を見積もったり、土星自体についてより深く理解したりするためのパズルのピースをもっと増やせるだろう。

海王星と衛星トリトン

天王星と海王星は、土星や木星に比べて氷の割合がかなり多い（そしてガスが相対的に少ない）ために「巨大氷惑星」と呼ばれる。ウェッブはこの巨大氷惑星の一つである海王星の美しい詳細な画像を私たちに届け始めた。次のページの画像のうち、最初のものがウェッブによる画像だ。これには海王星の環が写っている——この環は土星の環よりもずっと繊細ではるかに暗く、観察するのは格段に難しい。現在の最高性能の望遠鏡ですら、海王星の環を詳細にとらえるのには苦労してきたが、ウェッブの安定した精細な撮影能力によ

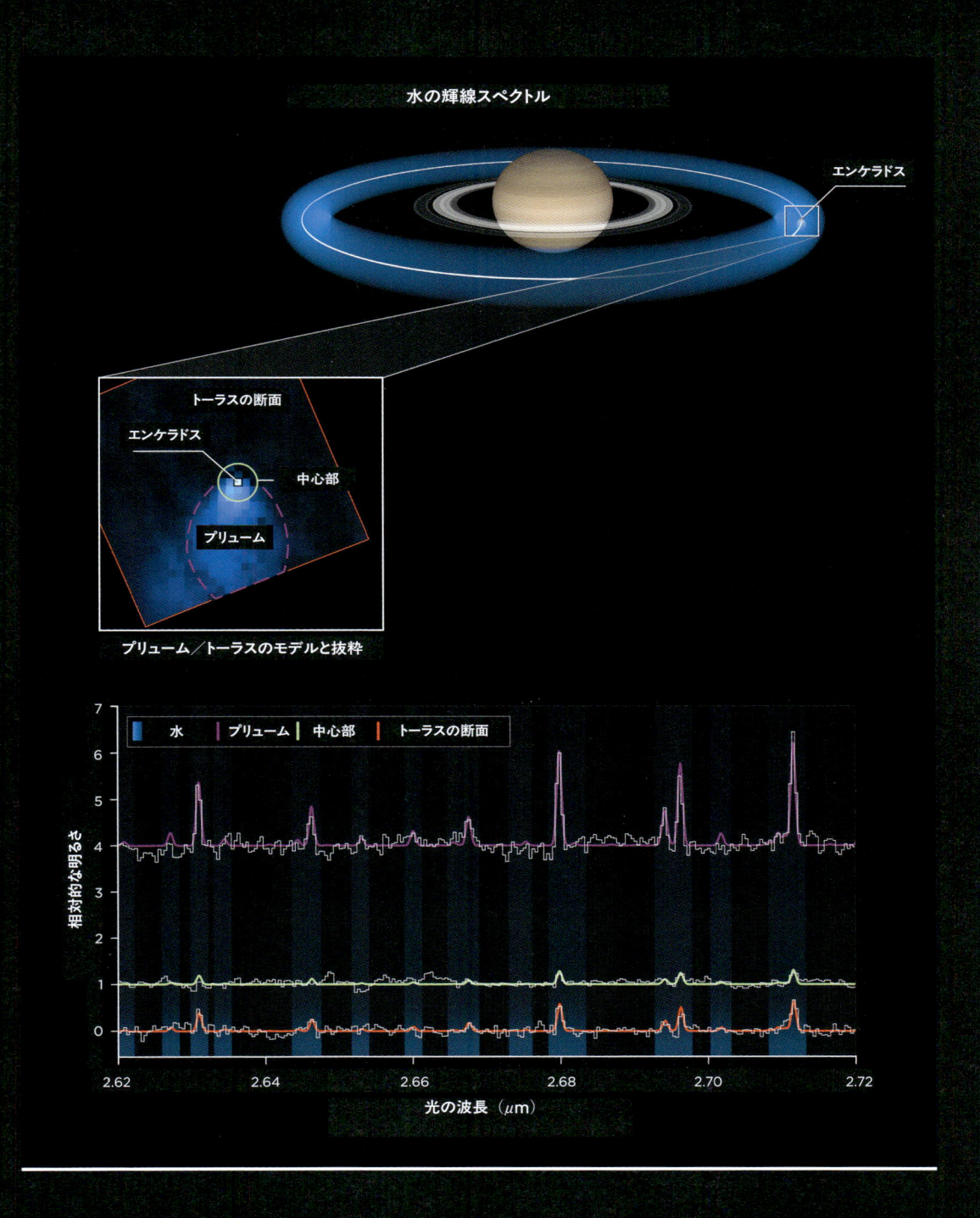

水の輝線スペクトル

エンケラドス

トーラスの断面

エンケラドス

中心部

プリューム

プリューム／トーラスのモデルと抜粋

上：NIRSpecのデータは、エンケラドスが土星系全体に水を供給する様子を明らかにしている。

上：2022年にウェッブのNIRCamで撮影された海王星

　って、環の姿がはっきり写し出されている。

　海王星は太陽系の最も外側にある惑星で、太陽からの距離は地球の30倍遠い。太陽の周りを1周するには165年もかかる。これほど遠いので、海王星では真昼でも薄暗い夕暮れ時のような明るさにしかならないだろう。他の望遠鏡で可視光線を使って海王星を観測すると、次ページのハッブルによる画像のように、ほぼ均一な青色に見える。この青色は大気に濃いメタンや他の化合物が存在するせいで生じている。

　メタンの雲は赤外線を強く吸収するので、ウェッブで海王星を見ると、非常に高い高度にある雲の高コントラストな領域以外はかなり暗く見える。この高層の雲は、弱い太陽光を下の層で吸収される前に反射してしまうため、明るく白い。科学者たちは特に、この惑星のほぼ全周を取り巻いている、明るくて白い雲の帯について調べたいと思っている。この雲を調べれば、海王星の大気循環についてもっと分かるかもしれない——ここでは何か他とは別のことが起こっているのかもしれない。大気が下降して圧縮され、その際に暖められているのかもしれないのだ。それによって、赤外線で周りよりも明るく輝いて見えることになる。

　海王星の極域も興味をそそる部分だ——ウェッブの画像では、「南極特徴領域（SPF）」の中に新たな細かい構造が見える。SPFは強く凝縮した反射率の高い雲の巨大な塊で、太

上：2021年にハッブルで撮影された海王星

陽系の外縁部を探査する NASA の探査機「ボイジャー 2 号」が 1989 年に海王星に接近観測した際に初めて見つかった。SPF はウェッブの画像ではっきり見ることができる。SPF は最初に観測されて以来ずっと存在し続けているが、長く存在できる理由はまだよく分かっていない。この画像に写る海王星の向きの関係で、海王星の北極は私たちから見えない位置にあって写っていないが、そこにも探査すべき大きな明るい領域が存在するという、気になる証拠が見えている。

　海王星の画像から視点を引いていくと、いくつかの衛星が見えてくる。その中には最大の衛星トリトンがある。トリトンはここでは、まばゆい青色の天体として海王星の左上の方に写り込んでいて、回折による派手な長い光芒を見せている。この光芒は実際の構造ではなく、光が望遠鏡の内部で何らかの縁に当たると必ず生じるものだ。この画像ではウェッブの分割鏡の縁によって光芒が生じている。こうした光芒はウェッブの画像の多くに現れ、その性質はよく分かっているので科学目的の場合には補正して取り除ける——しかし、光芒のおかげでカッコいい見た目の画像になるのも確かだ。トリトンが非常に明るく輝いているのは、凍った窒素の層に覆われているためだ。この層は太陽光を最大で70%も反射する。これは海王星本体の反射率よりもはるかに大きい。

　トリトンは珍しい逆行軌道で公転している

右：ウェッブがとらえた海
王星といくつかの衛
星。この画像で最も
目立つのが最大の衛
星トリトンで、ウェッ
ブの画像に特有の回
折による光芒が出て
いる。

——海王星の周りを、海王星本体の自転とは
逆向きに回っているのだ。太陽系の大型衛星
でこのような運動をしているのはトリトンだ
けだと考えられるため、トリトンは海王星に
もともとあった衛星ではなく、カイパーベル
トからきた天体ではないかと科学者たちは考
えている。カイパーベルトは氷と岩石からな
る比較的小さな天体がドーナツ状に集まった
巨大な環で、これらの小天体は太陽系が形成
されたときに残された物質だと考えられてい
る。カイパーベルト天体は海王星軌道のすぐ
外側を公転している（現在では、冥王星は惑星
ではなく、最大のカイパーベルト天体に分類されて

いる）。トリトンは海王星に近づきすぎたた
めに重力で捕捉されたのかもしれない。これ
は研究者にとっては非常に興味深い推測だ。
彼らはトリトンの表面や大気を調べて、冥王
星や他のカイパーベルト天体とどう比べられ
るかを見たいと考えている。

天王星の新たな姿

　ウェッブは太陽系のもう一つの巨大氷惑星
である天王星も調べている。天王星は横倒し
に自転していて、そのせいで激しい季節変化
が生じている非常に風変わりな惑星だ。この
画像では北極が夏を迎えており、太陽に面し

左：ウェッブ のNIRCam による天王星の画像。

ている。一方、南極は私たちから見て裏側の深宇宙に向いている。この最初の画像（上）は12分という短い露出時間で撮影されたが、それでも過去の画像よりずっと詳細に大気の様子が見えていて、明るい白色の嵐の雲もとらえられている。北極には「極冠」と呼ばれる非常に反射率の高い領域があり、夏に現れ、冬には消える。このような現象は他の惑星には見られないため、科学者たちはウェッブを使ってその正体や出現・消滅する理由を知りたいと考えている。この画像では、天王星の13本の環のうち11本を見ることができ、一番内側にある暗い「ζ環」も写ってい

る。

木星の巨大な嵐、エウロパの地下海、タイタンでの雲の形成、海王星や天王星の極域に見られる驚くべき新たな特徴の数々──ウェッブはすでに、美しい画像と素晴らしいデータを私たちにもたらし、それらは太陽系の秘密のいくつかを明らかにしつつある。将来、この画期的な科学ミッションによって、地球の最も近い天体についてさらに多くのことが分かるのは間違いないだろう。

第 2 章

恒星

恒星のライフサイクル
──星の誕生、進化、死

　ウェッブの科学運用が始まったとき、最初に探査対象となった天体の一つがカリーナ星雲だ。この星雲はガスと塵でできた巨大な領域で、地球から約7500光年の距離にあり、りゅうこつ座の中心部に位置する（「光年」とは時間の単位ではなく、光が宇宙空間を1年の間に進む直線距離のことだ）。カリーナ星雲が注目されるのは、巨大な塵とガスの雲は宇宙の中で恒星が誕生する場所だからだ。恒星がどのように誕生し、宇宙の構造や進化にどうかかわっているのかという問いは、今日の天文学における大きな疑問の一つである。私たちの天の川銀河の中でどのように星が生まれて進化するかを研究者がもっと知りたいとき、カリーナ星雲は最初に見る天体の一つだ。この星雲は1752年に発見されたが、これまではこの天体の秘密の多くについて、推測することしかできなかった。現在では、ウェッブの赤外線の〝眼〟が塵を透過して、内部を初めて、きわめて明瞭に、詳しく見ることができる。その結果得られた画像は、これまで見たことのない科学データの宝庫をもたらしている。

カリーナ星雲の「宇宙の崖」

　46ページの素晴らしい画像はウェッブの近赤外線カメラ（NIRCam）で撮影された。異なる波長の赤外線が、私たちに解釈できるように、人間の目に見える色に変換されている。これは「宇宙の崖」として知られる、カリーナ星雲の一部だ。この星雲は直径数百光年

左：ウェッブが撮影したカリーナ星雲の「宇宙の崖」。

という広大な領域である。画像では固体のように見えるが、実際にはガス（主に水素）と塵でできていて、これらは星の材料でもある。画像にはたくさんの星が写っているが、塵とガスの雲の内部には巨大な星のゆりかごが存在し、さらに多くの、さまざまな大きさの星々が生まれている。その中には太陽の100倍もある非常に巨大な星もある。このような巨星は非常に高温で燃え、寿命はわずか数百万年と短い。これは、100億年とされる私たちの太陽の寿命に比べると、ほんの一瞬でしかない。太陽のような軽い星は数が多いが、形成の途中で周囲と相互作用をしている時期には、軽い星々を見るのは難しい。ウェ

ッブは、雲の中で成長しつつある「赤ちゃん星」をより多く観測するのに役立つ。

星はどうやって生まれる？

まず、星雲内の物質の一部が重力で互いに引き寄せられて回転し始め、周りの塵とガスからより多くの物質、特に水素分子を集める。物質が塊になり始めると温度が上昇して、中心核が十分高温になると水素の核融合が始まる。この過程では、名前が示すとおり、水素の原子核同士が合体するのだ。これによってヘリウムができ、莫大なエネルギーが放出されて、中心核が高温に保たれる。こ

れが、星が非常に明るく輝く理由だ。核融合が始まると、その天体はまさしく恒星と呼べる存在になる。

　これは一方通行のプロセスではない。新しい星は成長するにつれて、ガスと塵の一部を再び放出する。この放出は、水素分子のアウトフロー〔訳注：天体から外に向かって物質が放出される現象〕や、周囲の物質を貫く「原始星ジェット」という形をとる。このジェットは成長中の星の両極から驚くべき速度で外へと放出され、周りのガスと塵の雲に突入して巨大な空洞を作り出したり、信じられないような山頂や谷、息を呑むような柱や崖の風景を彫刻していく。高速で噴き出すジェットの圧力はバ

ウショック〔訳注：船の舳先に生じる波のように、ガスの中を物質が高速で進むことで生じる衝撃波〕を作り出し、空洞の縁にある不安定な物質が内側へと崩れて集まり、最終的にさらに多くの星々を作り出す——そして再び、このプロセスが始まるのだ。

　ジェットは、成長の初期段階にある「原始星」という新たな星が、物質を周囲の雲から活発に集めているときに発生する。このプロセスは「降着」として知られていて、わずか数千年しか続かない——宇宙論的な見方では、ごく短い時間だ。このことと、新しい星は常に濃い塵の繭の中に隠れているという事実のせいで、こうした星々を見つけて観測す

下：ハッブルが撮影したカリーナ星雲の「宇宙の崖」。可視光線では塵は不透明に見える。

上：カリーナ星雲の「宇宙の崖」の内部で、強力なジェットを噴き出す原始星。ウェッブで撮影。

「ウェッブが私たちに見せてくれるのは、これまで見ることができなかった
宇宙のより典型的な一角で、どれだけの星形成が起こっているかを示す、
ある時点のスナップショットです。……この発見は、この望遠鏡がどれほど高性能か、
そして、宇宙の静かな片隅でさえ、いかに多くのことが起こっているか、
という二つのことを物語っています」
──メーガン・ライター教授（ライス大学、テキサス州ヒューストン）

「NIRCamや広帯域赤外線フィルター全般について言えるのは、
星が見えるということです。たくさんの星が写ります。
これらの奇妙で素晴らしい赤ちゃん星たちが星雲に穴を開けている様子を見るのが、
本当に楽しみです」

──**ジュディ・シュミット**（市民科学者、カリフォルニア州モデスト）

るのは難しい。科学者たちは、ウェッブが現れて、これらの若い星々やその降着領域から放出されるアウトフローやジェットを、より高い解像度で観察できるようになるのを待ちわびていた。新しい星がどのように作られ、周囲とどう相互作用するのかを研究することで、私たちの太陽や太陽系がどのように成長したのかについてもより多くのことが分かる。

　注目すべき点は、ウェッブの打ち上げ以前にハッブル宇宙望遠鏡（HST）が、カリーナ星雲を10年以上にわたって観測していたということだ。ハッブルでも新たに生まれつつある星々をいくつか見ることができるが、可視光線は塵を透過できないので、私たちの視界は限られている。しかし、この「宇宙の崖」のように、ウェッブで観測すべき対象をたくさん特定したのはハッブルによる観測なのだ。また、両方の望遠鏡で同じ場所を撮影することで、私たちはさらに得をすることができる。一部のジェットの速度や方向を比較して、時間とともにどのように変化したのかが見られるのだ。これによって、星形成領域がどのくらい活発なのかを理解するのに役立つ。

　さらに付け加えると、すでに象徴的な存在となっている「宇宙の崖」のウェッブ画像

は、2022年7月12日に公開された最初の画像の1枚だった。これはNIRCamの複数のフィルターを組み合わせて作られたものだ。現在、科学者たちは時間をかけて、異なるフィルターを使い、特定の波長の赤外線に注目して、さまざまな特徴を強調しながらデータを詳細に解析している。例えば、最初の画像には原始星ジェットの兆候がいくつか見られるが、次のページの画像ではたくさんのアウトフローや原始星ジェットがよりはっきりと強調されている。まるで、幽霊のような白い霧の流れが「崖」の中から発生して上に立ちのぼるようだ。私たちはこれらについてもっとよく知りたいと思っている。これらは雲の構造に大きな影響を与え、塵を押し流しながら星のゆりかごから外へと吹き出し、衝撃波を生み出す。表面の明るい赤色の斑点は原始星ジェットによってエネルギーを与えられた水素分子のアウトフローだ。一部のジェットは厚い塵に完全に包まれた非常に若い星から生み出されており、これまで姿を見ることができなかった。

　NIRCamだけでなくMIRIでも星雲を観察することで、より多くのことが分かる。この3枚の「宇宙の崖」のスナップショットの最後の画像（上）は、NIRCamとMIRIで撮った近赤外線と中間赤外線の合成画像だ。ここでは

雲は青白く見えており、その中にはこれまで隠れていた数百の星々が明るく輝いているのを見分けることができる。最も若い星々は厚い塵に包まれて赤い点や斑点として現れ、より古い星々は青く見えている。新しく成熟しつつある星々は紫外線（UV）の放射を生み出す。その衝撃によってガスと塵に穴を開け、星雲の姿を作り出すのに役立っている。画像の中央にある雲の端近くには、雲から噴出した巨大な物質の泡が見られ、ここでは金色ではっきりと輝いている。MIRIは塵の中を見通すことができ、これらの構造を生み出した

星を正確にとらえている。雲自体の背後には、さらに多くの光点が見える——これらは背景にある遠方の銀河だ。

2022年7月12日にウェッブからの最初の画像を目にしてからちょうど1年後、NASAはこの「へびつかい座ρ分子雲複合体」の中にある小さな星形成領域を写した美しい画像を公開した。この天体は地球からわずか390光年の距離にある。この星形成領域はまさに地球に最も近い星のゆりかごで、地球との間に視界をさえぎる物質がほとんどないため、何が起こっているのかを特にはっきりと間近

上：ウェッブのNIRCamとMIRIで撮影されたカリーナ星雲の「宇宙の崖」。

「1周年の記念日を迎え、ジェイムズ・ウェッブ宇宙望遠鏡はすでに
宇宙を解き明かすという約束を果たしています。
今後数十年にわたって価値を持つであろう、
息を呑むような画像と科学の宝庫を人類に贈ってくれました」
——ニコラ・フォックス博士（NASA科学ミッション局副局長、2023年2月〜）

に見ることができる。ここには約50個の恒星が写っていて、そのほとんどはおよそ太陽と同じかそれより小さい大きさだ。これは太陽が生まれつつあったころにどんな姿だったかを表している。ただし、一つだけ例外がある。この画像の中心にある星は他の星々よりずっと重く、写真で黄色と金色に光っている周囲の塵とガスを吹き飛ばし、巨大な空洞を作っている。画像の他の部分は、赤色で表されている水素分子の巨大なジェットで埋め尽くされている。これらは若い星が周囲を包む塵を初めて吹き飛ばしたことで外に放出されたものだ。いくつかの星には周りに原始惑星系円盤があり、新たな惑星系が形成されつつあることを示している。何にも邪魔されずにはっきりと画像に写し出された細部の数々は、これから長年にわたって研究され、科学者たちに星と惑星の形成について新たな洞察を与えてくれるだろう。

　これらの画像やそこに含まれる科学データを詳しく研究することで、星の誕生についてのたくさんの未解決問題に答えることができるだろう。恒星は宇宙の「基本単位」で、宇宙の内部で起こるプロセスの原動力となるエネルギーのほとんどを生み出していることが分かっている。そこには、星自身の周りにある細かい物質から惑星が形成されたり、星どうしが集まって渦巻銀河が生まれたりする過程も含まれる。しかし、星が誕生する個数やそれらの組成は、何によって決まるのだろう？　星がどのくらい大きくなるか、どのく

右：ウェッブが撮影したへびつかい座ρ分子雲複合体。

らい長く存在するかは何が決めているのだろう？　多くの星は小さな集団として誕生し、一方でより大きな集団として生まれるものもあることが知られているが、なぜそうなのかはよく分かっていない。また若い星の周りにどのようにして惑星が形成されるのかについても、十分には理解していない。若い星々が相互作用し、進化し、周囲から物質を取り込んだり放出したりする様子を観察することで、宇宙がどんな過程を経て今の姿になったのかを解き明かす手がかりを得ることができる。

宇宙最初の星々

　ビッグバン理論によれば、宇宙のすべての物質はもともと驚くほど小さな空間の中に圧縮され、想像もつかないほどの高温・高密度だった。そして、最初の瞬間に宇宙は突然、急速に膨張した。この膨張の後、最初期段階の宇宙は陽子・中性子・電子からなる高密度のスープのような霧でできていた。これらの粒子は光を散乱し、宇宙を暗く不透明なものにしていた。宇宙が冷え始めて十分に低温になると、陽子と中性子と電子が結合して水素原子ができ、ついにはヘリウム原子もできた。これが「再結合の時代」で、ビッグバンから約38万年後のことだ。実のところ、この名前は少し誤解を招きやすい。ビッグバン理論によると、これが初めて原子が作られたタイミングなのだ。この用語は、ビッグバン理論が宇宙の始まりの出来事を表す最良の理論となるよりも以前に作られ、そのまま使われ続けている。

　素粒子から原子が作られたことで、光は自由電子に散乱されて妨げられることが減り、宇宙空間をまっすぐ進めるようになって、宇宙はより透明になった。今日、私たちはこのときの光を「宇宙マイクロ波背景放射（CMB）」として検出することができる。これはビッグバンのなごりなのだ。この後、いつの時代に最初の恒星が形成され始めたのかは正確には分かっていない。宇宙が初めて透明になったが星はまだできていなかった時代を、天文学者は宇宙の「暗黒時代」と呼び、これは数億年続いたと考えられている。

　最終的には、ガスの塊がつぶれて最初の原始星が作られ、暗黒時代が終わったと考えられているが、これがいつ、どうして始まったのかは正確には分からない。分かっているのは、これらの新しい若い星々がついに現れたとき、星形成は自己増殖的で、さらなる星形成を引き起こし、最終的に惑星や銀河などの他の天体までが作られたということだけだ。こうしたプロセスは詳しく理解されていないが、これによって現在私たちが見ることができる宇宙の構造がもたらされた。最初の星々まで時間をさかのぼって観察できるウェッブの能力をもってすれば、どのように、なぜ、これら初期のプロセスが起こったのか、観測可能な宇宙はなぜ今日のような姿をしているのか、という疑問に答えるのに役立つだろう。

小マゼラン雲

　ウェッブは私たちの天の川銀河で新たに生まれる星々を観測するだけではない。天の川

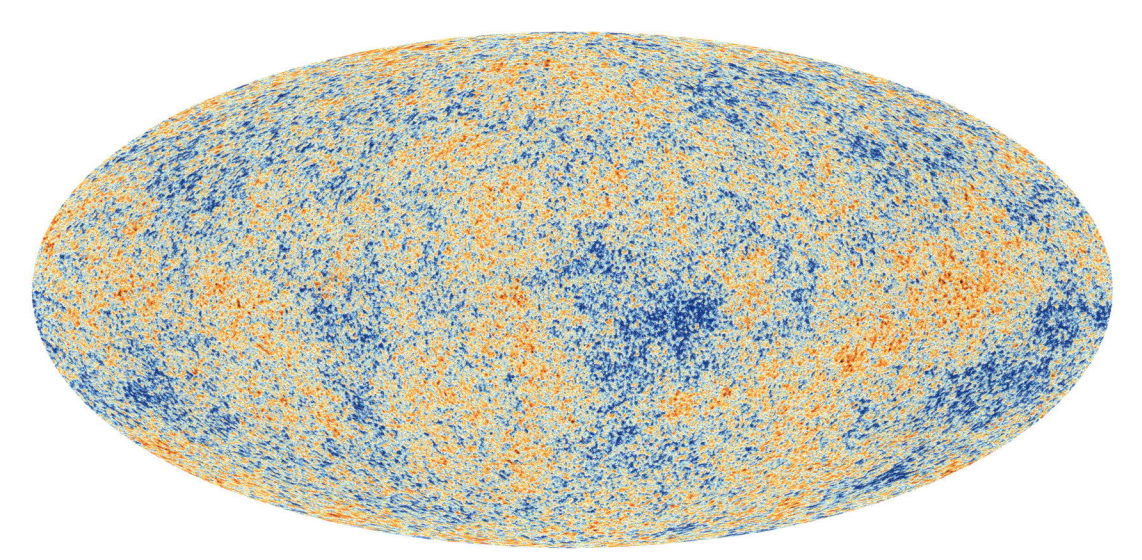

上：人工衛星「プランク」によって観測された宇宙マイクロ波背景放射
（CMB）。私たちの宇宙で最古の光をとらえたスナップショットだ。

銀河のすぐそばにある銀河の一つ、「小マゼラン雲（SMC）」と呼ばれる矮小銀河の観測もおこなっている。小マゼラン雲は地球から20万光年の距離にある。

　小マゼラン雲は小さいが非常に明るい銀河だ——フェルディナンド・マゼランのような航海者が南半球で航海の際に利用したほど明るく、この銀河の名前はここからついた。この銀河にあるウェッブの観測対象は、星が生まれるペースが最も速く、また最も混み合った星形成領域の一つで、「NGC 346」という番号が割り当てられている。この天体は特に天文学者の関心を引いている。小マゼラン雲のような不規則な形をした矮小銀河は天の川銀河のような大きな銀河の構成要素で、始原的な物質をより多く含んでいると考えられているからだ。言い換えれば、NGC 346 はおそらくビッグバンから20億〜30億年後の初

期宇宙に広く存在した環境に似ていると思われるのだ。この時代は「宇宙の正午」と呼ばれている。この時代にはほぼすべての銀河で、他の時代よりもはるかに速く星形成が進んでいたと考えられるからだ。これはまさに NGC 346 で現在起こっているのと同じ状況だ。そのとき以来、宇宙での星形成はいくらか衰えてきたが、ところどころに活発な場所が今も存在している。このような比較的原始的な銀河にある活発な星形成領域、特に NGC 346 を観測することで、初期の恒星がどのように作られ、進化したか、このような星々が誕生したことで宇宙はどのように形づくられたのか、当時の星形成は現在とどう違うのか、といった点について、より多くのことが分かる可能性がある。

　しかし、これまで NGC 346 では、太陽の5〜8倍という最大級の恒星しか観測できてい

「ウェッブによって、太陽の10分の1ほどしかないような、
より軽い原始星まで検出できます。天の川銀河以外の銀河で、
質量が軽い星と重い星の両方について
星形成の全過程を検出できる初めての機会です」
──オリビア・ジョーンズ博士（UKRI科学技術施設会議ウェッブ・フェロー、
天文学技術センター、エジンバラ）

なかった。ウェッブの赤外線観測の能力とすぐれた感度のおかげで、今ではもっと小さな原始星がそこで成長している様子も見ることができ、より完全な全体像を得られるようになった。次ページの画像はウェッブが撮影した小マゼラン雲で、星団とともに、内部にあるたくさんの原始星によって生成され形づくられている、繊細な塵の筋やガスの雲を見ることができる。

とても若い星

私たちの天の川銀河に戻ると、おうし座の方向（地球から約460光年の距離）でウェッブは、原始星を取り巻く巨大で特徴的な形をした塵とガスの雲の素晴らしい画像を撮影している。この天体はNASAによって「炎の砂時計」と名付けられ、これまで隠れていた特徴を明らかにしている。原始星L1527自体は砂時計の細い首の部分に隠れており、首の部分を横切る小さな暗い帯がこの原始星を取り巻く原始惑星系円盤の物質で、円盤を横から写し出している。この星はまだ塵とガスを砂時計型の雲から引き込み、徐々に円盤を作りつつある。60ページにあるこの劇的な雲の画像は可視光線では実際に見ることはできないが、ウェッブでは赤外線で見ることができ、新たにできつつある星から燃えさかる炎のような輝きが放射され、ガスと塵を照らしているのが分かる。

これは擬似カラー画像で、ウェッブが観測できる赤外線を可視化している。青色は塵が薄い場所を、オレンジ色は塵が厚く、光をより多く吸収している場所を表している。この画像には星はあまり写っていないが、これには理由がある──この原始星は物質の一部を激しく放出していて、巨大なバウショックや乱流を生み出しているのだ。これは船が水をかき分けて速く進むのによく似ている。このような乱流は巨大な水素分子のフィラメントを形づくり、この画像ではオレンジ色に輝く糸がこの雲を飾っているかのようだ。「炎の砂時計」の場合、乱流が非常に顕著で、実際に物質が集まって新たな星々を作るのを妨げている。その結果、原始星がこの雲を占有していて、物質のほとんどを自分のものにしている。

L1527の年齢はわずか10万歳でしかない。これは星形成の最初期の段階に当たり、現時点で太陽の20〜40％の質量しかないため、

右：ウェッブによる小マゼラン雲のNGC 346星団の画像。

大変興味深い天体だ。この赤ちゃん原始星は、核融合を起こす一人前の星と認められるにはこの先、長い時間がかかるだろう。この星は今後も質量を集め続けてそれを圧縮し、温度をどんどん上げてようやく核融合が始まる。画像では円盤は砂時計全体に比べて小さく見えるかもしれないが、実際には私たちの太陽系とほぼ同じサイズだ。そのため、L1527で新たに誕生しつつある星の姿は、私たちの太陽と太陽系が約45億年前に成長しつつあるときにどんな姿だったのかを想像させるものとなっている。

タランチュラ星雲

かじき座30星雲は、塵の雲の形が巨大なクモを連想させることから「タランチュラ星雲」というニックネームがついている。この天体は大マゼラン雲（LMC）の中にある。大マゼラン雲は「局所銀河群」という、天の川銀河が属する約20個の近傍銀河の集団の一員で、天の川銀河に最も近い隣人の一つだ。タランチュラ星雲は局所銀河群全体の中でも最も明るい星形成領域で、その内部には私たちがこれまでに観測した中で最も高温で最も重い星々が潜んでいる。

62 〜 63ページの画像は、NIRCamで撮影

右：「炎の砂時計」L1527。砂時計の首の部分で星が生まれつつあり、周囲から物質を引き寄せて原始惑星系円盤を周りに作りつつある。NIRCamで撮影された。

次ページ：NIRCamでとらえたタランチュラ星雲。中心領域は青白く輝く大質量の若い星々で埋め尽くされている。

上：MIRIで観測したタランチュラ星雲の塵の雲。

した画像を差し渡し340光年の範囲にわたってモザイク合成したものだ。ここにはタランチュラ星雲が数万個の若い星々とともに写っている。これらの星々は濃い塵の雲に隠されているため、これまでは見ることができなかった。とりわけ、中心部の青白い領域には莫大な数の大質量の若い星々が密集している。これらの星々から放射される膨大な光が星雲の中心部に穴を開けている。

　同じ星雲をMIRIによって、より波長の長い中間赤外線（上）で見ると、全く違った見た目になる。星々の輝きは減り、MIRIのフィルターによって塵の細部がよりはっきり見える。その内部には、成長の最も初期の段階

にある原始星の光点が見える。MIRIを使うと雲の組成がより詳しく分かる。塵にはたくさんの炭化水素が含まれていて、この画像では青と紫で輝いている。

　タランチュラ星雲は天文学者を魅了しているもう一つの領域だ。なぜなら、この天体は、「宇宙の正午」の時代にあった最初期の星形成領域と似た化学組成を持っていると考えられるからだ。天の川銀河では、星形成はタランチュラ星雲と同じような猛烈な速度では起こっておらず、この星雲は天の川銀河の星形成領域とは化学組成が違っていることが分かっている。ウェッブによって天文学者は、タランチュラ星雲で起こっていること

を、「宇宙の正午」の時代に起こっていた超遠方の（つまりきわめて初期の）銀河で観測される星形成と比べることができるだろう。

「創造の柱」を再構築する

　「創造の柱」は「わし星雲」の一部を形づくっている。この天体は地球から約6500光年の距離にあり、天の川の中のへび座に位置する。創造の柱は、1995年にハッブルがこの星雲の息を呑むような画像を可視光線で撮影したことで有名になった。この名前は、「柱」の内部でたくさんの星形成が起こっていることが分かっていることから名付けられた。それぞれの柱の高さは4〜5光年ある。

　66〜67ページの左の画像では、ハッブルで見える姿が分かる——ドラマチックな巨大な塵とガスの柱があり、肉眼やハッブルでは不透明に見え、おびただしい数の星が誕生している様子は中に隠れている。ウェッブはハッブルの遺産を引き継ぎ、さらに限界を広げた。右の画像が2022年にウェッブのNIRCamによって赤外線で撮られたものだ。この画像では、内部がまさに若い星々であふれている姿を見ることができる。これらの星

のほとんどはわずか数十万歳だと見積もられている。雲の表面で明るい赤色に輝く斑点は大規模な原始星ジェットで励起された水素分子によるものだ。こうしたジェットは高速で雲から飛び出していく。これらの活動的な若い星は周囲の塵とガスに穴を開け、柱の中に泡のような構造を作り出す。ハッブルの画像ではこれらの大半は隠れている。

　また、雲の外にも古い星々を見ることができる。こうした星のいくつかにはウェッブの画像に特徴的な回折光芒が現れている——星が明るいほど光芒も出やすい。しかし、柱の向こうの遠方には、思いのほか銀河は少ない。これはわし星雲が天の川の最も濃い部分にあるせいだ。この領域には最も多くの物質があり、柱の向こうの遠い宇宙を見ようとしても、「星間物質」の一部である半透明の塵とガスの巨大な帯で隠されているからだ。

　68ページの画像では、ウェッブのMIRIで同じ視野がとらえられているが、ここでは、塵を透過して中の星を見るのではなく、まさに柱の内部の濃い塵の雲自体を詳しく見るためのフィルターが使われている。柱の縁の部分では、新たに生まれつつある星々が塵の覆いごしに明るい赤色で輝くのが見え、より青

「新たに生まれた星のある領域がちょうど赤外線で明るく輝いています」
　——ハイディ・ハンメル博士（NASA JWST学際科学者、2022年「TED Women Presents」の
　　　インタビューでナディア・ドレイクに）

上：わし星雲にある「創造の柱」。左は2014年にハッブルが撮影、右は2022年にウェッブが撮影。

ト・MIRIで観測した「創造の柱」。塵自体を写し出すフィルターも使用している

い、老齢で塵の少ない星々もいくつか見える。雲の中の赤い領域は塵がより拡散している場所を表し、灰色の領域は最も塵が濃い場所を表している。塵の密度と組成を理解することは、塵の雲と星形成の関係をもっと深く知るために重要だ。MIRIの画像は、創造の柱の中に塵がどれだけ存在するのか、その組成は何かをより正確に解き明かすのに役立つだろう。この画像は、無数の星々でキラキラ輝いているNIRCamの画像に比べると、かなり不気味だ。このことを意識して、NASAはこの頭につきまとうようなMIRIの画像を2022年のハロウィンに公開した。

　カリーナ星雲、炎の砂時計、創造の柱のような構造をとらえたウェッブ画像から得られる新たな洞察は、科学者たちが星の数をより正確に数えたり、星々を生み出す塵とガスの組成をより深く理解したりするのに役立つだろう。これによって、こうした領域がどのくらい活動的か、そして星がどのように形成・進化するかについて、より正確なモデルを作り上げることが可能になる。このようにしてウェッブは、星形成の謎の一部を解き明かし、それが星、銀河、惑星を持つ観測可能な宇宙の構造にどうつながるのかを示してくれる。しかし、まだ多くの作業が残されており、科学者たちは、これからも新しい画像とより大きな知見がこの革新的な宇宙科学ミッションから得られることを楽しみにすることだろう。

星が死ぬと何が起こる?

　恒星は本質的には巨大な核融合炉で、中に含まれる水素をヘリウムへと徐々に変換していることが分かっている。どんな星も、最終的にはこの燃料を使い果たして死を迎える。星がどのように死を迎えるのかは、星の質量——その星が持っている物質の量——で決まっている。私たちの太陽と同じくらいの質量を持つ星（平均的な大きさで、「恒星質量」を持つ星）は長い時間をかけてゆっくりと膨張し、ガスや塵を徐々に放出する。このガスや塵は星から連続的な層となって宇宙空間に吹き出し、最終的には小さく密度の高い中心核だけが残る。これがほとんどの星々の結末で、死に至るまでに数百万年かかることもある。

　もっと重い星の場合には、これとはかなり違っている——その終末はもっとずっと劇的で、もっとずっと早く終わりを迎えることがある。重い星は突然の大爆発によって激しく破壊され、塵とガスを時速数百万kmで広大な距離にわたって激しく放出する。これが超新星だ。天文学者は、私たちの天の川銀河のような銀河では100年に2、3個の超新星爆発が起こると考えている。

太陽のような恒星が死ぬとどうなる?

　星の一生のほとんどは、ライフサイクルの中で「主系列」と呼ばれる期間で、中心核での核融合で水素をヘリウムへと変えることで燃え、熱を生み出している。この莫大な熱エネルギー出力によって生み出される外向きの圧力と、重力による巨大な内向きの圧力とがつり合っている。太陽と同程度の質量を持つ星がその核融合炉で燃料の水素を使い果たすと、その構造を保つことができなくなり、死に始める。重力が外向きの圧力を上回るよう

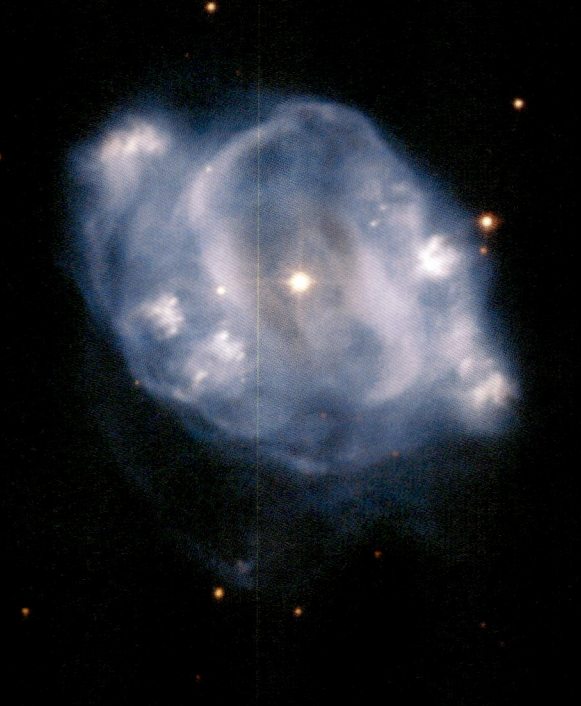

上：ケンタウルス座の惑星状星雲 NGC 5307。ハッブルが撮影。

になり、ほとんどヘリウムになった中心核を圧縮させる。これによって中心核の温度は大きく上昇し、結果として核以外の星の部分が劇的に膨張する——この段階の星は「赤色巨星」と呼ばれる。寿命の終わりに近づきつつある星だ。星は自分自身を形づくる塵とガスをだんだんと宇宙空間に放出する。放出は外層から始まり、何千年も続くこともある。その結果、「惑星状星雲」という塵とガスの美しい雲ができる。「星雲（nebula）」という単語はラテン語で「雲」を表す言葉からきているが、「惑星状星雲」というのは少々誤解を招く言葉だ。この天体は惑星とは何の関係もないからだ。昔の天文学者がこの言葉を作ったのだが、それは彼らが観察している天体を惑星だと思ったからで、それによりこの呼び名が定着した。連続的な層として放出された星雲の塵とガスの一部は、最終的に新たな星を生み出すことに再利用されたり、あるいは集まって惑星を形成することもある。

赤色巨星は、この種の巨大で肥大化した星々の表面温度が、星としてはそれほど高温ではないためにそう呼ばれる——星が元の大きさの1000倍にも膨張し、外層の熱エネルギーは広い面積に分散されるのだ。そのため、可視光線で見ると赤っぽい色に見える。対照的に、非常に高温の星は肉眼では青っぽく見える。ほとんどの星はこのようにして死に至るまでに数百万年かかる。約50億年後には太陽も赤色巨星になり、膨張して惑星状星雲となり、近くの惑星を飲み込むだろう。地球もそれに含まれるだろうが、まだまだ先の話だ！

このような過程がすべて終わりを迎えた後

には、死んだ星の中心核が残り、「白色矮星」と呼ばれるようになる。白色矮星は驚くほど密度が高い。質量は太陽と同じ程度だが、大きさは地球くらいしかない——NASAの推定では、ティースプーン1杯分の白色矮星の物質の重さは約15トンにもなるという！　これは中性子星とブラックホールに次いで、宇宙に存在する中で最も高密度な構造だと考えられている。白色矮星は星の中心核からできるので、その温度は赤色巨星の表面温度よりずっと高く、余熱で輝き続ける。理論的には白色矮星は数兆年にわたって輝き続けるが、最終的には冷えて熱エネルギーを放射しなくなる。この段階では「黒色矮星」と呼ばれる。だが、現在の宇宙年齢は138億年にすぎないとされているので、黒色矮星はまだ存在していないと考えられている。

南のリング星雲

72ページの画像はMIRIで撮影された惑星状星雲 NGC 3132で、「南のリング星雲」として知られている。この天体はほ座にあり、地球から約2000光年の距離にあって、南天で見ることができる。ウェッブはこの星雲の中心にある2個の星の「最終演技」とNASAが呼んだ現象を観測している。これらの星は画像の真ん中で、非常に接近して軌道を回りあっている。この星雲を生み出した中心星は、連続したリング状にたくさんの質量を放出しており、非常に小さく暗い。そして、この星よりもずっと大きく若い伴星が、地球と太陽の距離の約1300倍離れた場所を公転し、明るく輝いている。2個の星が互いの重力で

上：MIRIで撮影した惑星状星雲「南のリング星雲」。画像で赤く見えている中心星は物質の
大半を放出しつつあり、それによってこの星雲が形成されている。より明るい、青っぽ
い伴星が中心星のすぐそばにある。

「これらの発見は、ウェッブの観測装置がかつてないほど詳細に
天体の構造を示せる工学の輝かしい成果であるという、さらなる証です。
こうした成果から、MIRIとNIRCamの画像が組み合わさると驚くほどの詳細や
いっそう多くのデータがもたらされ、星の一生と死をさらに深く理解するのに役立つことが分かります。
この研究は、世界中の科学者、天文学者、エンジニア、技術者、
研究者による大規模な国際協力があってこそ可能になったものです」
──ジリアン・ライト教授、CBE

軌道が束縛されているものを「連星系」という──ここに写っている2個の星は、互いの周りを近接した「軌道のダンス」で回っているのだ。

中心星がこれほど暗いという事実は奇妙だ。この星はすでに質量のほとんどを放出して小さな白色矮星になっており、白色矮星は普通、非常に高温で大きさの割に明るいはずだからだ。ウェッブのMIRIで観測するまではその理由を説明することができなかったが、ここで明らかになったことは、ウェッブの観測能力の威力を示している。

ウェッブのデータを調べている研究者たちは、この特殊な白色矮星が高密度で比較的低温の塵の円盤に囲まれていて、この円盤が周りを回っているのだと結論づけている。これが、白色矮星があまり明るく見えない理由だ。MIRIはこの冷たい塵の円盤が中間赤外線で赤く光る様子をとらえている。これによって謎の一つは解けたように見える。だが、この円盤は白色矮星が作られるときに放出される星雲の塵のパターンには合わないようだ。隣にいる明るい伴星も、この円盤を生み

出すには遠く離れすぎている。

ではこの塵はどこからきたのだろう？　もしかすると、まだ見えていない別の星が1個かそれ以上、見えている伴星よりずっと近い距離で白色矮星の周りを回っていて、これらの星が円盤の塵を供給したのかもしれない。

これまでにも、ハッブルが撮影した南のリング星雲の美しい画像を見てきたが、ウェッブを使うまで、この星雲をこれほど複雑な細部まで観測することはできなかった（比較のため、75ページにハッブルによる画像がある）。76〜77ページのウェッブの画像はNIRCamとMIRIのデータを使った合成画像で、異なるフィルターで撮った光を組み合わせ、この星雲の異なる成分を見せている。76ページの画像では、中心星（円盤の低温の塵のせいで暗く赤い）と、明るく輝く伴星とからなる連星系の2個の星の周りに、非常に高温のガス（白く見えている）がある。

77ページの画像では、MIRIによって、星雲を形づくる水素分子と塵の広がったアウトフローの細部が明らかになっている。これによって、今まで隠れていた構造──宇宙空間

「ウェッブを使えることは、宇宙を調べる顕微鏡を手渡されたようなものです。
ウェッブの画像には非常にたくさんの細部が写っています。
私たちは、現場を再現する法医学者のようにアプローチして分析をおこないます」
——オーソラ・デ・マルコ教授（オーストラリア・マッコーリー大学、シドニー）

へと広がる同心円状の波紋、こぶ、アーチ、フィラメントなどを見ることができる。これらのアーチ状の構造は中心星に押し出された物質が実際にいくつかの伴星と相互作用していることを示唆している。異なるサイズの星々の小さな集団が一緒に形成され、進化しながら互いに軌道運動を続けるというのはかなりよくあることだ。南のリング星雲の中では見ることができないが、ウェッブのおかげでそのような集団があるはずだと今では推測できる。

　明るい若い星と、小さな見えない星は、最終的にはそれぞれ自分自身の惑星状星雲を作るだろう。しかし、今のところはこれらの星は、ここで見られるような驚くべきパターンや形を作り出すことにかかわっている。一方で、新たに見えてきたこれらの情報は、これまで2個の星を含むと考えられていたこのシステムが、実際には3個か4個、あるいはそれ以上の星を含んでいるというさらなる証拠にもなっている。

　ウェッブの新しいデータによって、異なる星々から届く光を解きほぐすことができ、それらがどのように相互作用して星雲の構造を生み出したのかを観測できる。これらの画像から得られるウェッブのデータは、別の宇宙ミッションであるESAの「ガイア」天文台の情報とも組み合わされている。この衛星は私

たちの天の川銀河の星々の地図を作っている。2つのミッションのデータセットを使うことで、研究者たちはこの中心星がガスと塵を放出して星雲を生み出す前の質量を計算することができた。現在では、この中心星はもともと太陽の約3倍の質量を持っていたことが分かっている。しかし、物質を放出して星雲ができるにつれて、ずっと小さくなってしまった——現在では太陽質量の約半分しかない。この星雲がどのように形成されたかを考える上で、恒星の元の質量を知ることはとても重要だ。

　星雲の外層部分は最初に放出され、中心星に最も近い部分はずっと新しい時代に放出されたものだ。これは、中心星の長い死の過程の記録にもなっている。中心星は数千年にわたって物質を放出し続け、現在は白色矮星になっている。科学者たちは星雲の各層を分光分析することで、その中に何が存在するのかを正確に特定しようとしている。また、どんな塵の分子が生き残って次世代の星々を生み出す材料になれるサイズと量を持っているのかを理解しようとしている。これによって、私たちの太陽を含む恒星は、どのように進化し、成長して死ぬのかという問題をより深く理解することができるだろう。

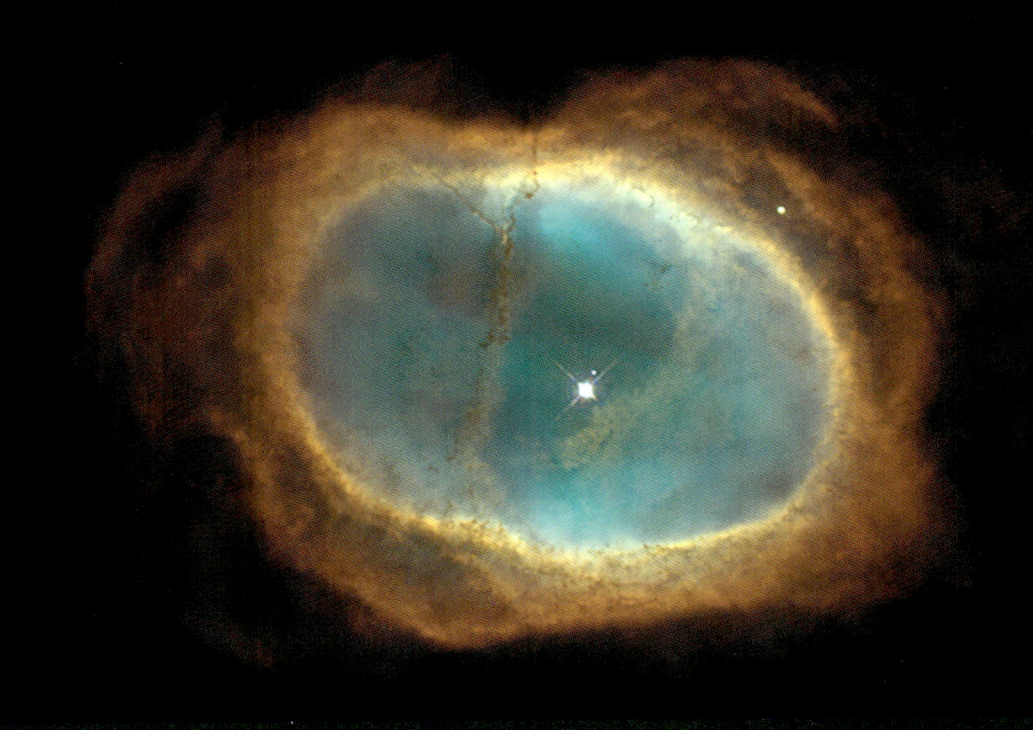

「南のリング星雲は、恒星たちが集団でどのような働きをするかを
示す唯一の例というわけではありません。
恒星がいかに集団を作りやすいかという認識にもとづいて、
今日では恒星天体物理学の多くの部分が見直されています。
私たちの誰もが、そのことにますます興奮しています」
──オーソラ・デ・マルコ教授（オーストラリア・マッカリー大学、シドニー）

上：ハッブルが撮影した南のリング星雲。

上：NIRCamとMIRIの画像データから作成した南のリング星雲の画像。

なぜ重い星は死ぬときに
超新星になるのか？

　これまで見てきたように、一部の星は太陽のような「普通」の恒星よりも何倍も大きく、このような星はかなり違った終末を迎える運命にある。重い星はより高温で急速に燃焼するため、その主系列の期間は、太陽は数十億年も続くのに対してわずか数百万年しか続かない。また、重い星々は死の瞬間にはさらに違った様子を見せる——重い星は水素を使い果たすと赤色（または青色）超巨星に変わるが、ガスや塵のシェルをゆっくり徐々に数千年も放出して惑星状星雲を作ることはない。また、白色矮星となって終わることもない。代わりに、これらの星は超新星爆発を起こす。そこではいったい何が起こるのだろうか？

　重い星は、水素をすべてヘリウムに変えてしまうと、その大きさゆえに、ヘリウムを炭素・窒素・酸素といったさらに重い元素へと大量に融合し始めることができる（星が非常に古く、また非常に大きいほど、それに比例して多くの重元素を含む可能性がある）。最終的に、重い星は鉄を合成し始める。鉄（またはさらに重い元素）の核融合には、核融合で生み出される以上のエネルギーが必要になる——つまり、星が鉄を合成し続けるにつれて、熱エネルギーが失われ始めることになる。この熱エネルギーこそが、中心核の核融合炉から外側へと向かう方向に物質を押し出し、内向きの重力に逆らって星の形を保っている。十分な

右：中性子星E0102の合成画像。チャンドラX線天文台とESOの超大型望遠鏡（VLT）によって撮影された。

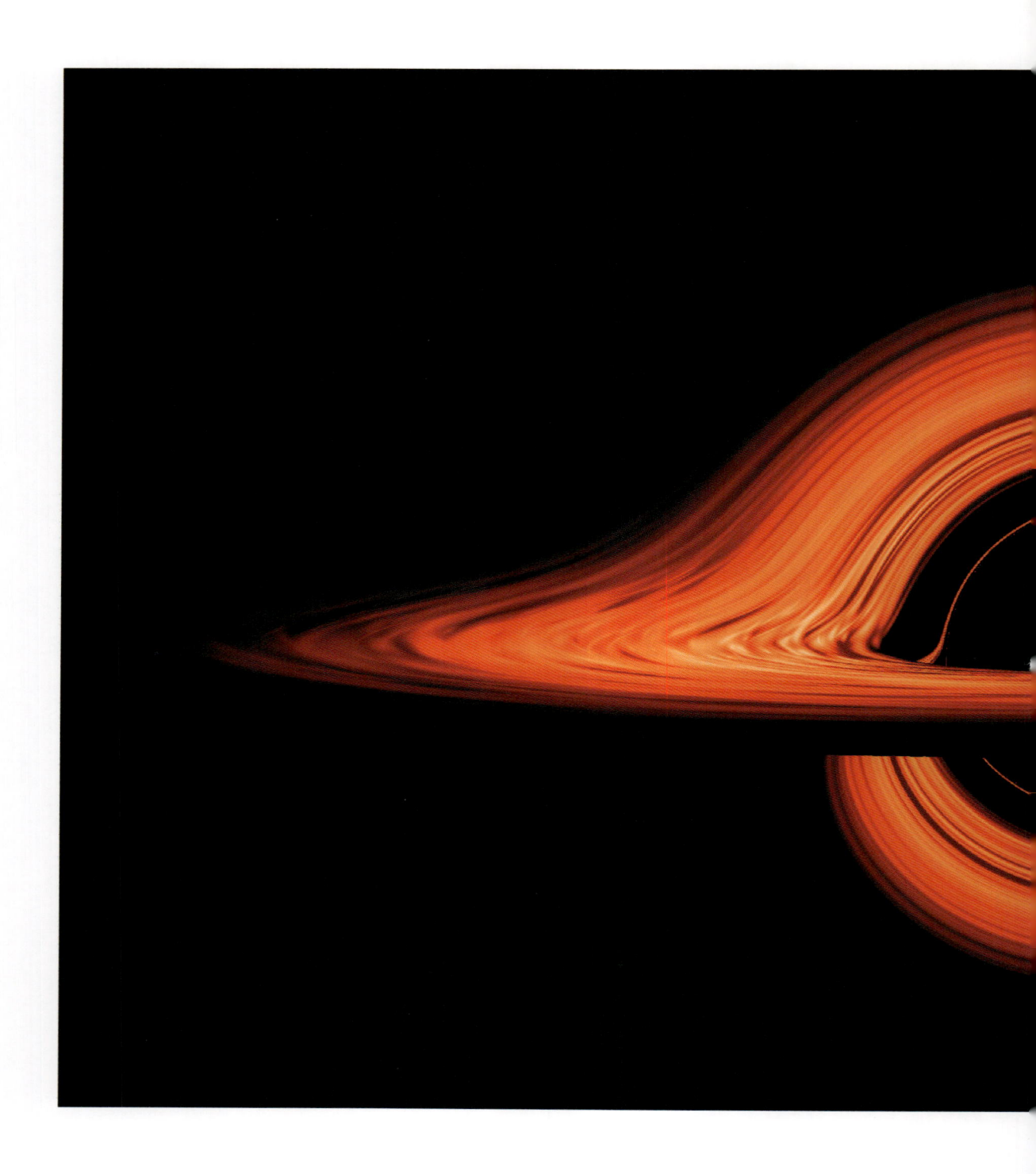

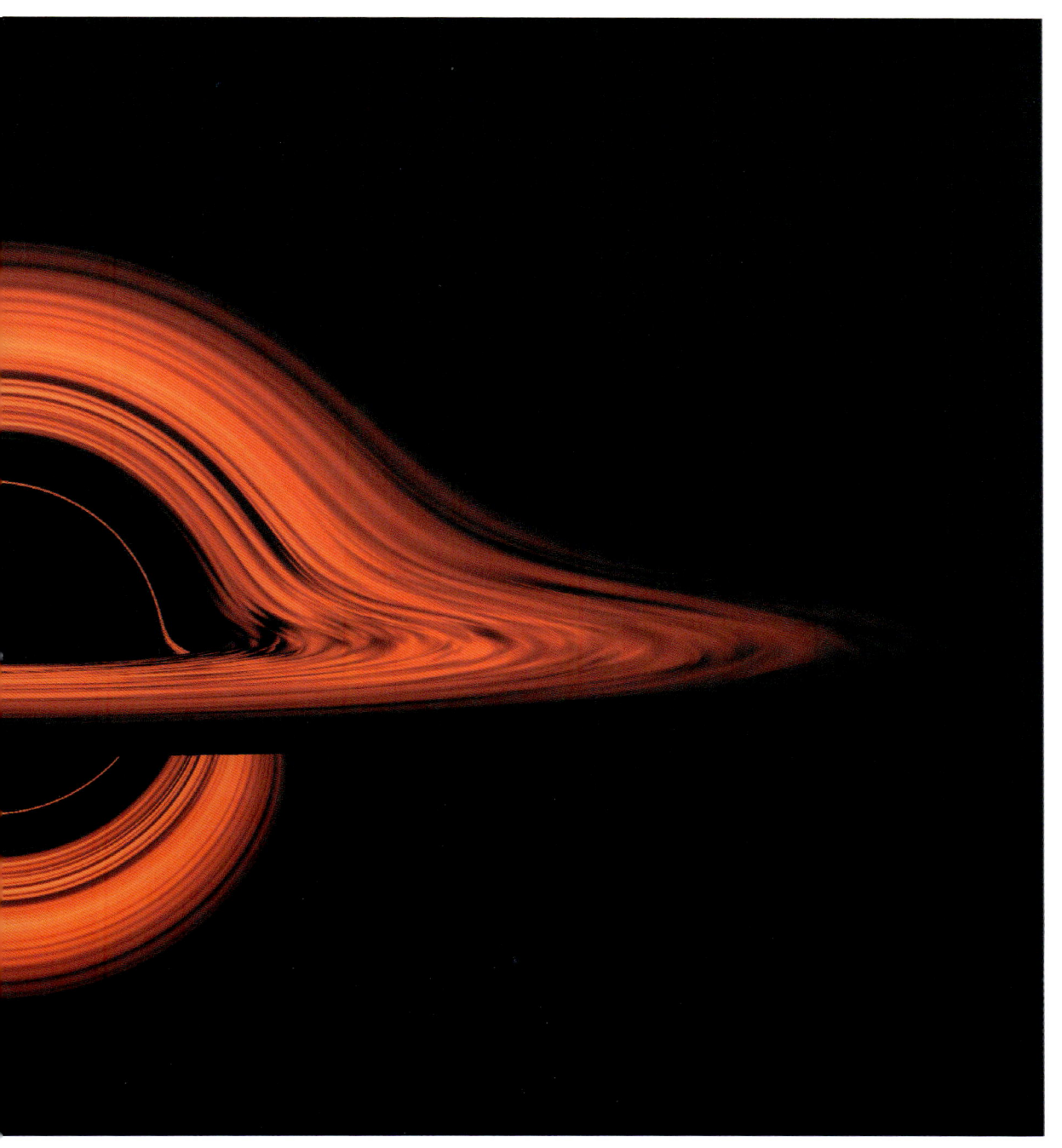

上：重い星の超新星爆発によって生まれたブラックホールを可視化した図。

エネルギーがないと、星は自分自身の形を維持できず、死に始める。重い星が死を迎えるまでの過程は太陽のような星よりもずっと速く進み、重力によって突然劇的な内向きの崩壊を起こし、巨大な超新星爆発が起こって終わる。この崩壊には1秒未満しかかからない場合もある。超新星爆発の後には、星の中心核は中性子星——宇宙に存在する最も奇妙で最も高密度の天体の一つ——になるか、またはより謎めいたブラックホールへと変わる。

崩壊した星の中心核が太陽質量の約3倍以下であれば、中性子星になる。中性子星は非常に小さく、信じられないほど高密度だ——ティースプーン1杯分の中性子星は地球上では数百万トンになる——また、中性子星は宇宙で最も速く自転する天体の一つでもあり、自転軸の周りを毎秒500回も自転することができる。中性子星の中には「パルサー」と呼ばれるものがある。パルサーは自転とともに光が脈動するように見える天体だ。中性子星は通常、直径が約15km（10マイル）しかないが、太陽よりも大きな質量を持つものもある。これは、星の大部分が爆発で吹き飛ばされた後、残った物質を重力が収縮させ続け、中心核の中にある陽子と電子が結びついて中性子になり、それ以上収縮しなくなるためだ。これが中性子星の名前の由来だ。

79ページのカラフルな画像は超新星のその後の姿を表している。死を迎えた星から時速数百万kmで放出された物質の巨大な残骸だ。この画像は、NASAのチャンドラX線天文台と、チリにある欧州南天天文台の超大型望遠鏡（VLT）のデータから作られた。小さく密集したガスのリングがここでは赤色に見える。これは元々の衝撃波よりかなりゆっくりと膨張していて、内部には鋭い青い光点——中性子星がある。この中性子星は爆発のリングの中心にはない。天文学者たちはなぜこのような状態になっているのかを正確に知ろうと取り組んでいる。

超新星爆発の後に残った中心核が太陽質量の約3倍より重い場合には、かなり違ったことが起こる。中性子星が形成される代わりに、中心核の物質が強く収縮してみずから崩壊し、きわめて高密度になってブラックホールが形成される。これを止められるような力は知られておらず、いったんブラックホールができると、周囲の物質を食べ続けることでみずからを維持し続ける。近づきすぎた物質はすべて引き込まれて蓄積される。ブラックホールは非常に重力が強いので、いったん捕まったものは、たとえ光であっても逃げ出すことはできない。ブラックホールはそんな奇妙で面白い天体なので、ブラックホールのために独立した章を設ける価値がある（第6章を参照）。

最後にできるのが中性子星であれブラックホールであれ、超新星は非常に重要だ。超新星は重元素を含む物質を莫大な力で宇宙全体へと大量に放出する役割をになっているからだ。放出される元素には、酸素・窒素・カルシウム・ケイ素・マグネシウム・鉄、さらには金やウランも含まれる。新たな星や銀河、惑星や地球上で私たちが知る生命も、これら

右：ESOシュミット望遠鏡で撮影された超新星1987A。中央右寄りに、非常に明るい星としてはっきり写っている。当時、この超新星は肉眼でも見ることができた。

の元素から作られる——私たちが宇宙で目にする物質はほぼすべて、星屑から作られると言えるのだ。

超新星は見える?

超新星を見つけるのに、プロの天文学者である必要はない。2011年、カナダ・ニューブランズウィックの10歳の少女、キャスリン・オーロラ・グレイは、夜空の画像を調べる父親を手伝っていた際に、超新星を発見した史上最年少の人物となった。超新星は非常に目立つ——数日、あるいは数か月にわたって、超新星が属する銀河自体の明るさを文字どおり上回るほど明るくなることがある。ごくまれには肉眼でも見える。83ページの画像は、大マゼラン雲（LMC）と呼ばれる近傍銀河にある「サンドゥリーク−69 202」という恒星が超新星になったときのものだ。この超新星は1987年に検出された最初の超新星なので「SN 1987A」と呼ばれている。この超新星は、チリのラスカンパナス天文台に勤務していたカナダの天文学者、イアン・シェルトンによって発見された。地球に比較的近く観測しやすいため、現在では最もよく研究された超新星の一つとなっている。この超新星は爆発から85日後に驚くべき明るさの最大光度に達した。その明るさは太陽の1億倍に相当し、南半球では望遠鏡なしで見ることができた。その後、2年ほどかけて徐々に暗くなったが、ハッブルのような宇宙望遠鏡で、爆発後に生じた衝撃波が膨張する様子と、死を迎えた星から放出された塵とガスの巨大なリング——超新星残骸——が追観測さ

れている。この残骸は今後数千年にわたって存在し続けるだろう。

現在のSN 1987Aはどんなふうに見えるだろう? 次ページの左上にある画像が、2011年にハッブルが撮影したものだ。爆発位置の周りに非常に明るい残骸のリングが見えており、今も外に向かって大きな速度で膨張し続けている。さらに、塵とガスでできた2本のリングも見える。これらが存在する理由を説明するのは難しい——科学者たちは、サンドゥリーク−69 202が実は単独の星ではなく、超新星爆発が起こるよりずっと以前に2個の星が合体し、その過程で2本のリングを放出したのではないかと考えている。天文学者たちは爆発位置の中心にある濃い塵の中を現在も詳しく観測し、超新星爆発の後に形成されたと考えられる中性子星が存在する決定的証拠を見つけようとしている。

次ページ右上の画像は2019年に撮影された。これはハッブルとNASAのチャンドラX線天文台、さらに地上望遠鏡であるアタカマ大型ミリ波サブミリ波干渉計（ALMA）のデータを合成した画像だ。現在では、ウェッブがその赤外線の眼をSN 1987Aに向け、中心部で起こっている過程について新たな知見をもたらしつつある（下の画像）。

カシオペヤ座Aの残骸

科学者たちは超新星爆発の残骸雲を研究することに熱心だ。超新星残骸は超新星自体が減光して見えなくなった後も数千年にわたって存在し続ける。こうした超新星残骸を調べることで、その星が突然死を迎える前にどんな星だったかを理解し、どのように爆発した

上：2011年にハッブルがこのSN 1987Aの画像を撮影した。3本の塵のリングが写っている。背景にはたくさんの他の星が写り込んでいる。

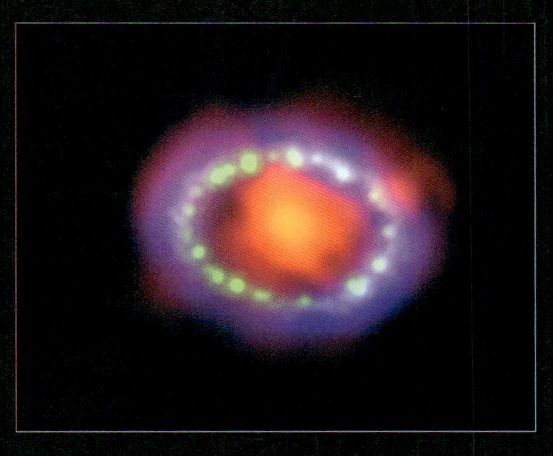

上：SN 1987Aの残骸を写した合成画像。ハッブルとチャンドラX線天文台、地上のALMA天文台のデータを使用。

左：NIRCamで撮影したSN 1987A。ウェッブによって、爆発時に作られた三日月型のガスの構造など、これまで見えなかった特徴が明らかになった。

のかを知ることができる。現在MIRIは、「カシオペヤ座A」という星の超新星残骸を撮影したところだ。この超新星の光はわずか340年前に地球に到着した。この「カシオペヤ座A残骸」は約10光年の広がりを持ち、カシオペヤ座の方向約11000光年の距離にある。その中心には小さく超高密度の中性子星が隠れている。

86〜87ページのMIRIの画像では、赤とオレンジ色の巨大なひだが上と左に見える——これは爆発を起こした星が放出した暖かい塵だ。ピンク色の糸状やこぶ状の構造は星から放出された物質で、酸素やアルゴンといった重元素と塵を含んでいる。さらに、画像の右の方には緑色の空洞が目立つ。ここには小さな空洞や泡がたくさんあるようだ——このような物質はこれまでこのような形で観測されたことがない。科学者たちがカシオペヤ座AをMIRIで観測したデータを分析してこれらの構造が何なのかを完全に理解するまでに、数年はかかるだろう。MIRIの画像には、過去に得られた画像よりずっと多くの細かいディテールが写っている（88〜89ページの、ハッブルによる2004年の画像と見比べてみよう）。この画像は私たちに、惑星など他の天体の材料となる元素が星の中でどのように作られ、宇宙全体に分布するのかという点について、新鮮な知識をもたらしてくれるはずだ。

右：カシオペヤ座A超新星残骸。2022年にウェッブの
　　MIRIで撮影。

次ページ：2004年にハッブルが撮影したカシオペヤ座A
　　　　　超新星残骸。可視光線ではMIRIの画像ほど
　　　　　細部が写っていない。

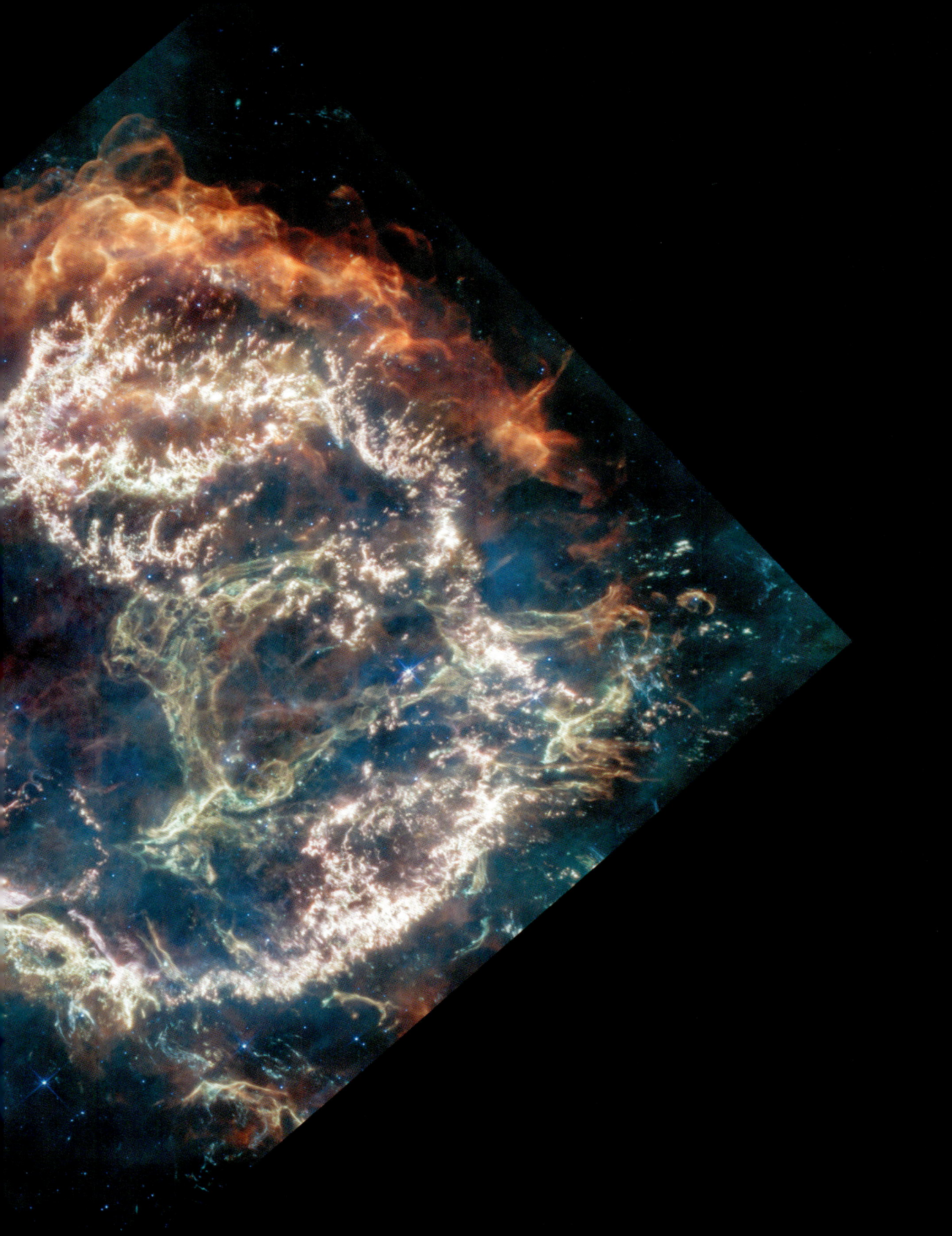

　ちなみに、ハッブルの画像をMIRIの画像と重ね合わせると、位置がうまく重ならないように見える。これは残骸が秒速約1万km（約6000マイル）で膨張しているためだ。残骸の中の異なる元素は互いに動いており、2枚の写真の間の18年という期間でさえ——これは宇宙論的な言い方ではほんの一瞬だが——このような変化が生じるのだ。

ウォルフ・ライエ星

　次ページの画像で、ウェッブはウォルフ・ライエ星「WR 124」の美しい姿をとらえている。この星は太陽質量の約30倍で、や座の方向約15000光年の距離にある。ウォルフ・ライエ星は特殊な大質量星で、このタイプの星を1867年に最初に発見したパリ天文台の2人の天文学者、シャルル・ウォルフとジョルジュ・ライエにちなんでその名がつけられている。天文学者の正式な分類によれば、ウォルフ・ライエ星は進化が進んだ段階にある大質量星で、大量の物質を異常に高い速度で放出しつつあるものことだ。ウォルフとライエはこれらの星が出す光が特有の異常なパターン——ヘリウムの痕跡を示すスペクトル——を持つことに気づいた。この特徴はウォルフ・ライエ星を見分けるのにも使われる。実際、ウォルフ・ライエ星は大量の電離したヘリウム・窒素・炭素を含み、他の多くの星と比べて水素が少ない——成熟したウォ

右：超大質量のウォルフ・ライエ星WR 124が死の過程にある様子をとらえた合成画像。ウェッブのNIRCamとMIRIで撮影。

ルフ・ライエ星は水素をほとんど含まないかもしれない。

この素晴らしい画像はNIRCamとMIRIの画像を合成したもので、WR 124は星雲の真ん中にいる。この星や周囲の星々には、ウェッブの望遠鏡の構造と18枚の分割鏡によって生じる、特徴的な回折光芒パターンが見られる。ここに写っているWR 124は外層を激しく吹き出し、最終的に超新星となって残りの質量を宇宙へと放出する前の段階にある。NIRCamは星の中心核とそれを取り巻く淡いガスをとらえている。一方MIRIは、周囲の星雲に含まれるガスと塵のもつれあった構造を写し出している。そのすべてが、かつてないほど細部まで見える。

ウォルフ・ライエ星は非常にまれな天体で、長期間存在することはなく、たいていは100万年たらずの一生をあっという間に終え、5万℃（9万°F）に達するほど高温で燃焼する。このため、ウォルフ・ライエ星はきわめて明るく、強い紫外線と強力な風を生み出す。これによって塵と大量の高温ガスが星の外へと急速に失われ、見事な星雲が生まれる。

こうした超大質量星が生み出す強烈な紫外線は、重元素から炭化水素を作るのに必要な反応も引き起こすと考えられている。ウォルフ・ライエ星が超新星爆発を起こすと、炭化水素などの重い物質はすべて、莫大な量の塵として放出され、吹き出す。炭化水素は地球も含め宇宙全体によくみられる物質であることが知られていて、生命の材料となる。WR 124のようなウォルフ・ライエ星の激しい超新星爆発は、これらの炭化水素の重要な供給源となり、炭化水素を宇宙全体に分布させる上で大きな役割を果たしている可能性がある。

宇宙の指紋

次ページにあるMIRIの画像は、ある連星系──2個の星が重力で結びついてお互いに近くを回りあっている天体──をとらえたものだ。これは「WR 140」という名前で、地球から5000光年の距離にある。連星の一方の星がウォルフ・ライエ星に分類されるためにこの名前がついている。このウォルフ・ライエ星は劇的な死への過程を進み始めていて、大量の塵と高温ガスを放出している。興味深いことに、この放出は8年おきに規則正しく起こっていて、画像に写っているような同心円状のリングを作り出している。なぜだろう？　科学者たちはウェッブが観測する前から、地上望遠鏡の観測によってこの連星のことを知っていた。しかし地上観測では、連星系の周りに2本のぼんやりしたリングがあることしか分からなかった。現在ではMIRIのすぐれた観測能力のおかげで、17本ものリングが差し渡し数兆kmもの範囲に広がっている様子が見えてきた。この画像では塵のリングに焦点が合っているが、互いに近接して軌道を描く2個の星からの光が中央に写っているのも見分けられる。この2個の星の軌道こそが8年ごとに互いを接近させ、この独特な塵のパターンを生み出している。2個の星が互いに近づくと、間にあるガスが圧縮され、まるで木の年輪か宇宙の指紋の渦のような塵のリングを作り出すのだ。

上：MIRIで撮影されたウォルフ・ライエ星WR 140連星系。複数の塵のリングが見えている。

「個人的に、この画像で最も興奮するのは、
ウォルフ・ライエ星というまれな現象を、
JWSTでしか達成できない細かさでとらえていることです」
——マカレナ・ガルシア・マリン博士（ESA MIRI）

　はっきりと見分けられる17個の層がある
おかげで、これを観測することが、塵を観察
してその化学反応や形成過程をより深く理解
できる珍しい機会となる。WR 124と同じよ
うにここでも、MIRIの分光器によって塵が
炭化水素化合物に富んでいることが確認され
た。これはウォルフ・ライエ星が炭化水素の
重要な供給源である可能性を示している——

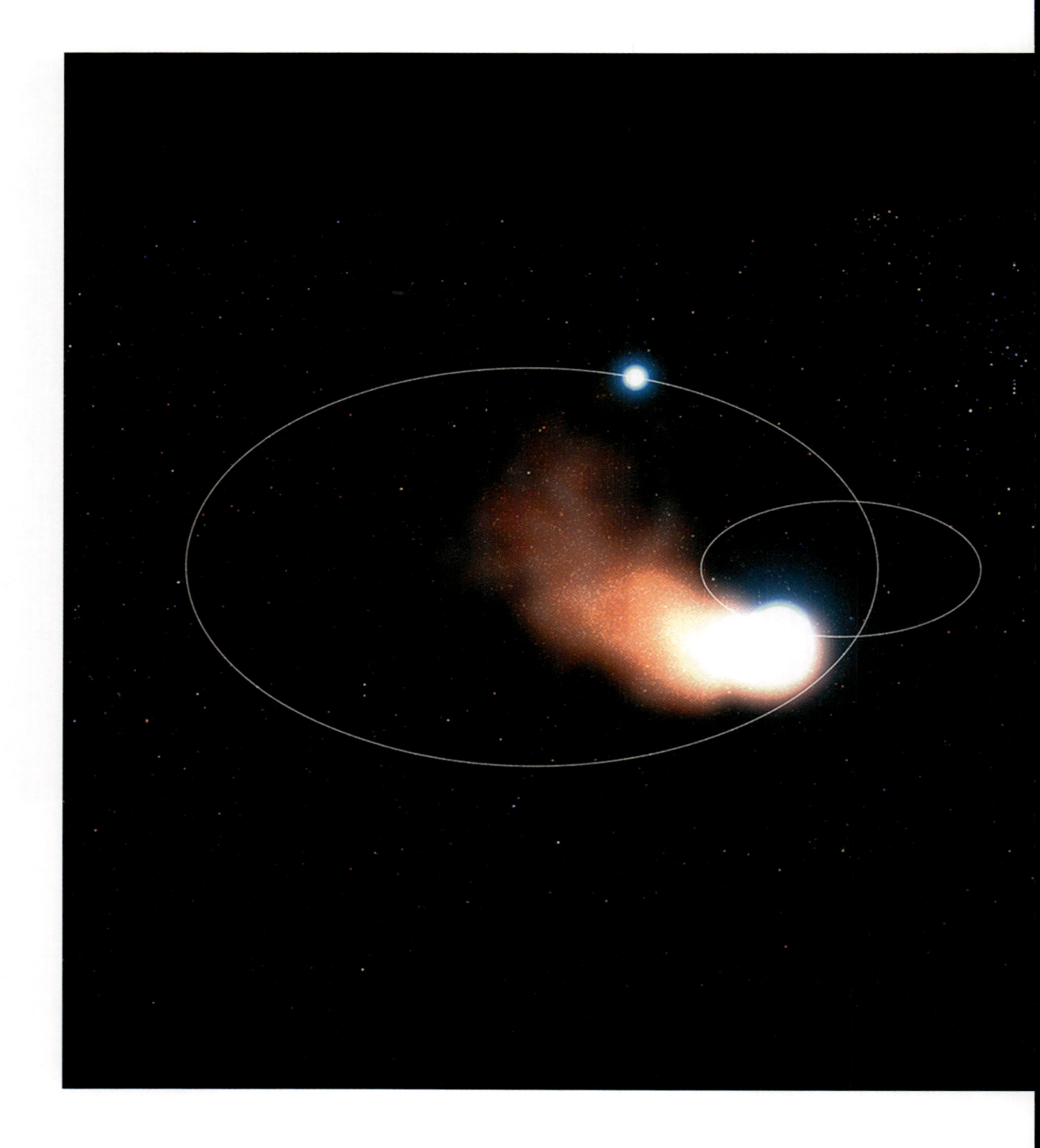

左：ウォルフ・ライエ星WR 140連星系のシミュレーショ
ン。2つの軌道によってそれぞれの星が非常に近づ
くと、塵が放出されることを示している。

特にこの天体では、8年ごとに炭化水素が補充されているのだ。

　だが、爆発が迫っている星を観測するのは普通はかなり難しい。それは、そのような星は一生の最終段階で莫大な量の塵を生み出すためだ。赤外線を使って塵を見通すことができれば、こうした星を検出できる機会は大きく増えるだろう。実際、塵に富む宇宙には、これまで説明できなかったたくさんの謎が残されている。例えば、宇宙には、星の一生とその死について現在知っている知識に基づく最良のコンピューターモデルから予測される量よりも多くの塵が存在することが、観測から示されている。これがなぜなのか、科学者たちは知りたいと思っている。この理由が分かれば、宇宙の中で天体がどのように誕生し、進化し、死ぬのかについて、より多くのことが分かるはずだからだ。

　そしてここで、ウェッブが登場する。ウェッブ以前には、WR 124やWR 140のような星の周囲で塵が生成される過程を研究し、星が死ぬと何が起こるのかについて答を出せるだけの詳しい情報が十分に存在しなかったのだ。今や、ウェッブのすぐれた赤外線観測の能力のおかげで、宇宙の塵を撮影し、その組成を分析することが可能になった。これはつまり、理論的なモデルではなく実際のデータを使って、私たちの知識の中に欠けている部分がないかを調べられるようになったということだ。さらに、うまくいけば、塵に満ちた宇宙や、様々な種類の恒星がたどる生と死について、根本的な疑問のいくつかに答えることができるだろう。

第 3 章

深宇宙

上：ウェッブのNIRCamで撮影したSMACS 0723のディープフィールド画像。

時をさかのぼって見ることはできるか？
——宇宙で最も遠い天体の観測

　2022年7月11日、ジョー・バイデン米大統領はホワイトハウスの式典で、ウェッブ望遠鏡が宇宙で展開に成功したことを祝して、前ページの印象的な画像を公開した。ウェッブの科学観測装置やサンシールド、そして何よりも巨大な分割鏡が、すべて所定の位置に配置され、予定どおりに機能した。この1枚のディープフィールド画像〔訳注：空の特定の領域を長時間露出で撮影した画像。天文学では、長い露出時間をかけて暗い天体まで写し出す観測を「ディープな（深い）」観測と呼ぶ〕は、まとめて「SMACS 0723」という名前で知られる、南天のとびうお座にある銀河団の画像だ。この画像はウェッブの最初の科学成果を一足早く公開したものである。NIRCamを使って異なる波長で撮影した画像を合成したもので、わずか12.5時間で撮影された。前景の一部の星にはウェッブ特有のよく目立つ回折光芒が見られる。これらの天体は、最も小さなものを含めてほぼすべてが、恒星と惑星がぎっしり詰まった銀河である可能性が高い。この画像に写っている最も小さく最も遠い銀河の中には、130億歳以上のものもある。

　この最初の画像が公開されたとき、科学者たちの間で大きな興奮が巻き起こった。この1枚のスナップショットが、それ自体で画期的だったからだ。その名前が示すとおり、ディープフィールド画像を撮影する望遠鏡は宇宙の奥深くを覗き込み、前景の天体の後ろに目を向けて、さらに遠くの星や銀河を見る——これがディープフィールドだ。そのためには非常に長い露出時間が必要で、それによって非常に暗い天体を見ることができる。科学者たちは空のこの一角を約20年にわたってハッブルで研究してきた。ハッブルでは1枚のディープフィールド画像を得るのに数日かかった。だが、ウェッブのSMACS 0723ディープフィールドはわずか数時間で、これまで見たことのない最高の解像度と最高の感度、そして最もディープな赤外線の視野をもたらした。これはハッブルの素晴らしいディープフィールド撮影能力をもはるかにしのいでいる（100ページと114〜115ページにある別のハッブルのディープフィールド画像を見比べてみよう）。私たちには今では、これまで暗い空に見えていたこの領域が、実際には星と銀河であふれていることが分かる——これまで見えなかった、遠くの非常に暗い銀河からくる数

「JWSTは非常に幅広い科学分野に貢献する、驚くべき強力な機械です。
これは素晴らしい瞬間で、非常に多くの人々の努力で可能になったものです」
——ピエール・フェルイ博士（ESA JWSTプロジェクト科学者）

左：ハッブルウルトラディ
ープフィールドの画
像。ろ座の小さな一
角を4か月かけて撮影
した。この画像を作
るには800回の異なる
撮影を要し、合計で
11.3日の露出時間が
かかった。

千もの小さな光点を見分けることができる。NIRCamのおかげで、これらの遠い銀河をはっきりと見ることができるようになり、これまで見たことのない小さな暗い構造も見えるようになった。これらの構造が何なのかを解釈するには、さらなる研究が必要だろう。

より細部が見えるほど、より多くの疑問が生まれる

すべてのデータを解析するにはやることがたくさんある。ウェッブは、宇宙についての最良のモデルでもうまく当てはまらないような、驚くべき新たな情報をもたらしている。宇宙についてのこれまでの知識に基づけば、初期の宇宙には小さな若い銀河が多く、それらは形成されたばかりで、新たな星々の集団を作り始めたところだと予想される。確かに、遠方の銀河には不規則な丸い形をしたものがたくさん見られる。ウェッブの高感度の観測装置を使えば、これらの銀河の一部の年齢や質量を測定し、初期の銀河がどのように形成されて相互作用したか、また、より複雑な円盤銀河や渦巻銀河へと、最終的にどのよ

うに成長したのかを明らかにできるだろう。しかし、SMACS 0723の画像には、ハッブルが検出したよりもさらに多くの遠方の円盤銀河が見られる。これらの銀河はより古い時代の丸い形から、凝集した構造を形成するようになっていて、成熟した星を予想よりも多く含んでいる。したがって、初期宇宙には成熟した銀河が私たちが予想よりもたくさん存在していたようだ。また、予想よりもずっと大きく明るい、非常に古い銀河もいくつか見つかっていて、なぜこのような銀河が存在するのかはよく分かっていない。これに対する説明の一つとして、これらの銀河が仮説上の「種族III」の星が中心となってできたというものがある。種族IIIの星は初期宇宙にあって想像を絶するほど高温で燃焼していた巨星で、現在は存在しない。科学者たちはデータからできる限り多くのことを解明しようと分析を進めている。

　この1枚のウェッブの画像から、新たな研究の道が大きく開かれた。科学者たちは近赤外線と中間赤外線の両方で、そのものすごい量のデータを詳細に調べ始めている。これはまだ、ウェッブが宇宙の最初期の構造をマッピングする中で得られるデータのほんのわずかなパーセンテージにすぎない。この画像には膨大な数の天体が写っているが、これは空のほんのわずかな一部分にすぎないのだ。実際、指で砂をつまんで腕を空へと伸ばしたときに、この砂粒によって隠れる空の部分の大きさとほぼ同じくらい狭い範囲だ。ウェッブが観測を続けるにつれ、天文学に文字どおりの大転換をもたらすことが約束されている。

　SMACS 0723フィールドはMIRIを使って中間赤外線でも撮影されており、初期の銀河や恒星の塵を探ることで、さらに多くのデータが追加されている（次ページを参照）。

　MIRIの画像が左側に、NIRCamの画像が比較のために右側に並べてある。見え方の違いは、この2つの観測装置の設計の違いによるものだ。宇宙の塵とガスが合体して新しい星や銀河、惑星を生み出すので、塵の分布を知ることは非常に重要だ。MIRIは塵が最も多く存在する場所を示していて、異なる色の点としてそれが現れている。

　MIRIの画像の色は、距離を示すために異なる波長の赤外線に異なる色が割り当てられている――天体が白っぽいほど地球に近いことを示す。回折光芒が出ている青い天体は比較的近くにある恒星だ。MIRIで同じ視野を

　「この一枚のJWSTの画像（SMACS 0723）から、世界中の科学者たちが情報を掘り出しています。この画像が教えてくれるのは、宇宙は私たちが予想していたのとは少し違うということです。これこそが観測天文学の本質です」
　　――ジリアン・ライト教授

次ページ：ウェッブによるSMACS 0723ディープフィールド。MIRI（左）とNIRCam（右）によって撮影。

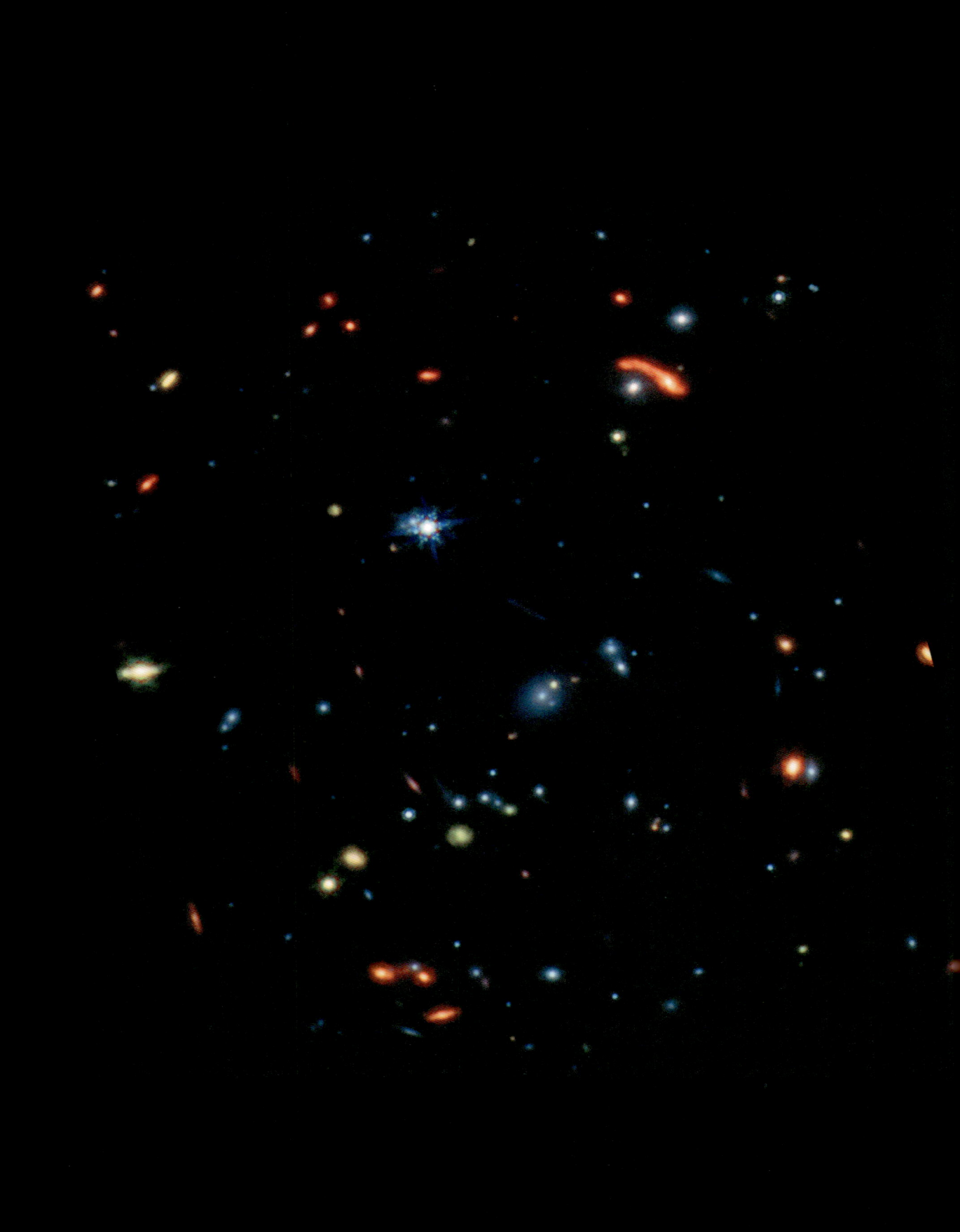

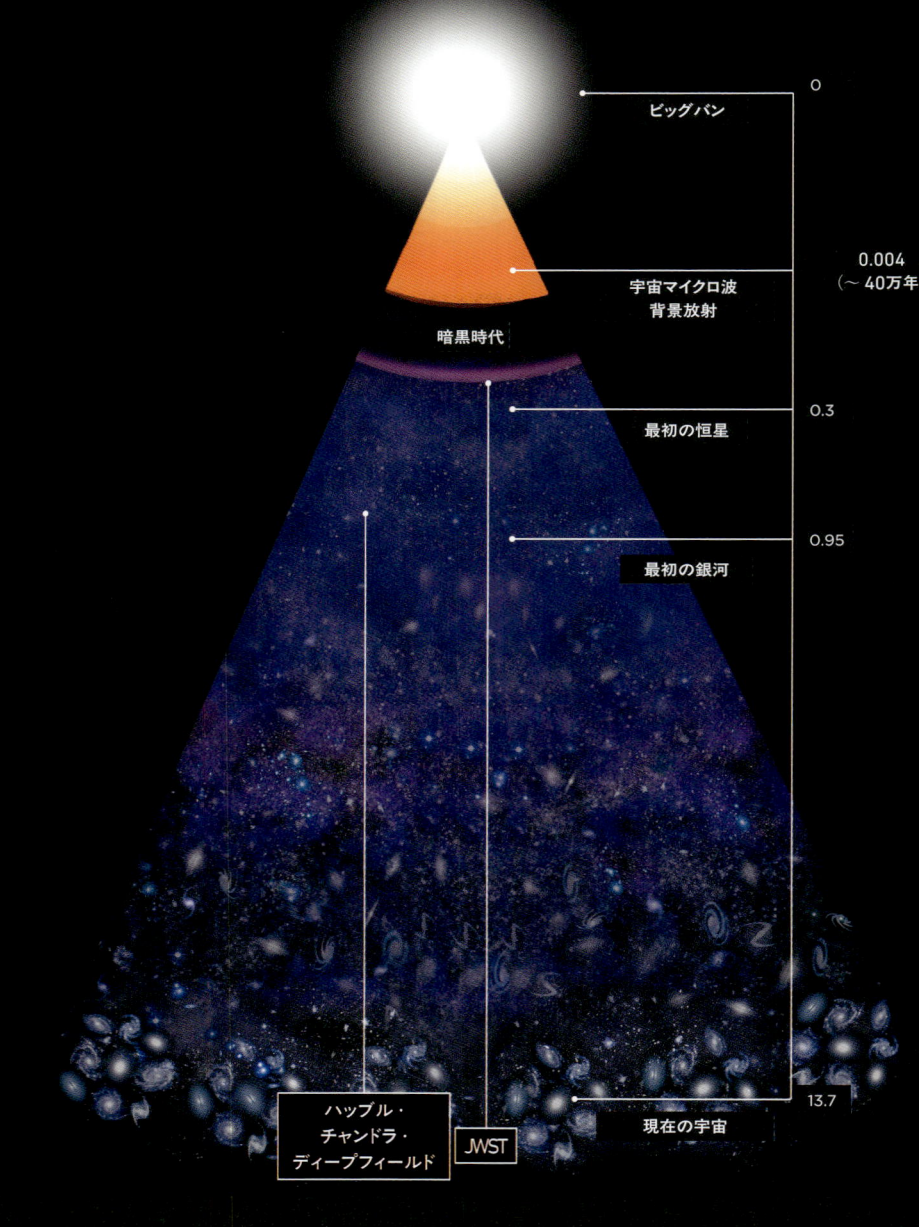

ビッグバン

0

宇宙マイクロ波
背景放射

0.004
（～ 40万年

暗黒時代

最初の恒星

0.3

最初の銀河

0.95

ハッブル・
チャンドラ・
ディープフィールド

JWST

現在の宇宙

13.7

：宇宙の進化を表した図。ウェッブでどのように時間をさかのぼって見られるのかを表している。

撮影すると、NIRCam に比べて光芒はずっと小さく目立たない。光芒のない青い天体は、星は含んでいるが塵はあまり含んでいない銀河だ。これはつまり、これらの銀河の星々は老齢で、年齢とともにガスや塵を生み出す量が自然と減っていることを意味する。対照的に、この視野に写っている赤い天体は厚い塵の層に覆われていて、その正体はおそらく銀河だが、確定するにはもう少し研究が必要だ。緑色に見えている銀河は非常に興味深い。このデータが、緑色の銀河に含まれる塵に炭素・窒素・酸素など、より重い元素が多いことを示しているからだ。これらはすべて、地球の生命にとって重要な元素だ。

　MIRI のデータを詳細に解析することで、科学者たちは恒星や銀河に含まれる塵の量と種類をより正確に計算できるようになるだろう。今回初めて、きわめて初期の銀河でも、その化学組成を特定できるようになった。これによって、銀河がどのように作られ、成長し、進化するか、そして銀河同士がどのように相互作用し、さらには合体するかについて、理解が深まるだろう。ウェッブは専用の分光計を使ってさらなる分析をおこない、このディープフィールドの視野に写っている天体の組成や密度、温度についてより詳しい情報を得るだろう。

　最も初期の銀河は、宇宙で最初に形づくられた非常に大きな構造物だった。ウェッブ望遠鏡が最遠方の銀河からの暗い光を集められる驚異的な能力を持つということは、宇宙の最初期まで、時間を効果的にさかのぼって観察できることになる。これは、光が宇宙空間の真空を伝わる速度が有限で一定だからだ。そのため、地球から 1 光年先にある天体を観測すると、その光は私たちに届くまで 1 年かかり、私たちは実質的にその天体の 1 年前の姿を見ることになる。ウェッブで 130 億光年先の銀河を見ると、その銀河の 130 億年前の姿が見えるわけだ——文字どおり、時間をさかのぼっているのだといえる。このディープフィールド画像の中で、私たちは SMACS 0723 の 46 億年前の姿を見ているが、その背景に写っている銀河の多くはもっともっと古いのだ。

「自然が突如としてその秘密の一部を明らかにするのを見るのは、感動的な瞬間です。
これはただの画像ではありません。新たな世界観なのです」
——トーマス・ザブーケン博士（NASA科学局副局長, 2016~2022）

（訳注：赤方偏移：天文学では赤方偏移の大きさを z という値で表す。光の元々の波長 λ と、観測された波長の伸び $\Delta\lambda$ から、$z=\Delta\lambda/\lambda$ という式で求める。z=13 の場合、波長が元の 14 倍に伸びている）

ウェッブはどうやって遠い過去を見るのか?

ウェッブがたぐいまれな感度とデータの精細さを達成できたのは、もちろん巨大な鏡のおかげだ。この主鏡は非常に大きいために宇宙空間で展開する必要があったが、これによってウェッブ望遠鏡はきわめて遠くの銀河から届く、非常に淡い光をとらえることができる。それは、ウェッブが赤外線で動作するように設計されているおかげでもある。非常に遠くにある光源からの光を見たいときには、これは非常に重要だ。ご存じのとおり、非常に遠い天体から私たちに向かって伝わる光は、宇宙膨張によってその天体がさらに遠くへと遠ざかるために、波長がより長く引き伸ばされる——これが「赤方偏移」だ。天体から放出されるときの光は可視光線や紫外線(UV)かもしれないが、それらが私たちに届くころには赤外線にまで引き伸ばされる。非常に遠い天体は可視光線では暗かったり、まったく見えないことがよくある。しかし、ウェッブのような赤外線に最適化された望遠鏡なら、ずっと簡単にとらえることができる。光がどれだけ引き伸ばされたかに基づいて、赤方偏移の値を計算して遠くの天体にあてはめることができる。これは、どれくらい昔にその天体が光を放出したかに一致している。

ウェッブ以前に発見されていた最も遠い(つまり最も古い)銀河は、赤方偏移の値が10だった。これは130億年以上前に光が放出されたことに相当する。この最初の画像で、ウェッブはさらに以前の時代まで見ることができ、赤方偏移が13.2という、もっとずっと

「JWSTはタイムマシンです。
これまでのどんな観測装置よりも初期の銀河をよりよく見ることができ、
さらに過去の時代を調べることができます。
JWSTのNIRSpecは一度に数百個の銀河のスペクトルをとることができるので、
最初期の銀河にあった恒星によって、
原始の水素とヘリウムが酸素・炭素・窒素などのより重い元素へと
変換される様子を追跡できます」
——エマ・カーティス・レイク博士
　　(UKRI科学技術研究施設委員会ウェッブリサーチフェロー、ハートフォードシャー大学)

右:ウェッブの巨大な主鏡が望遠鏡の他の部品と結合される様子。

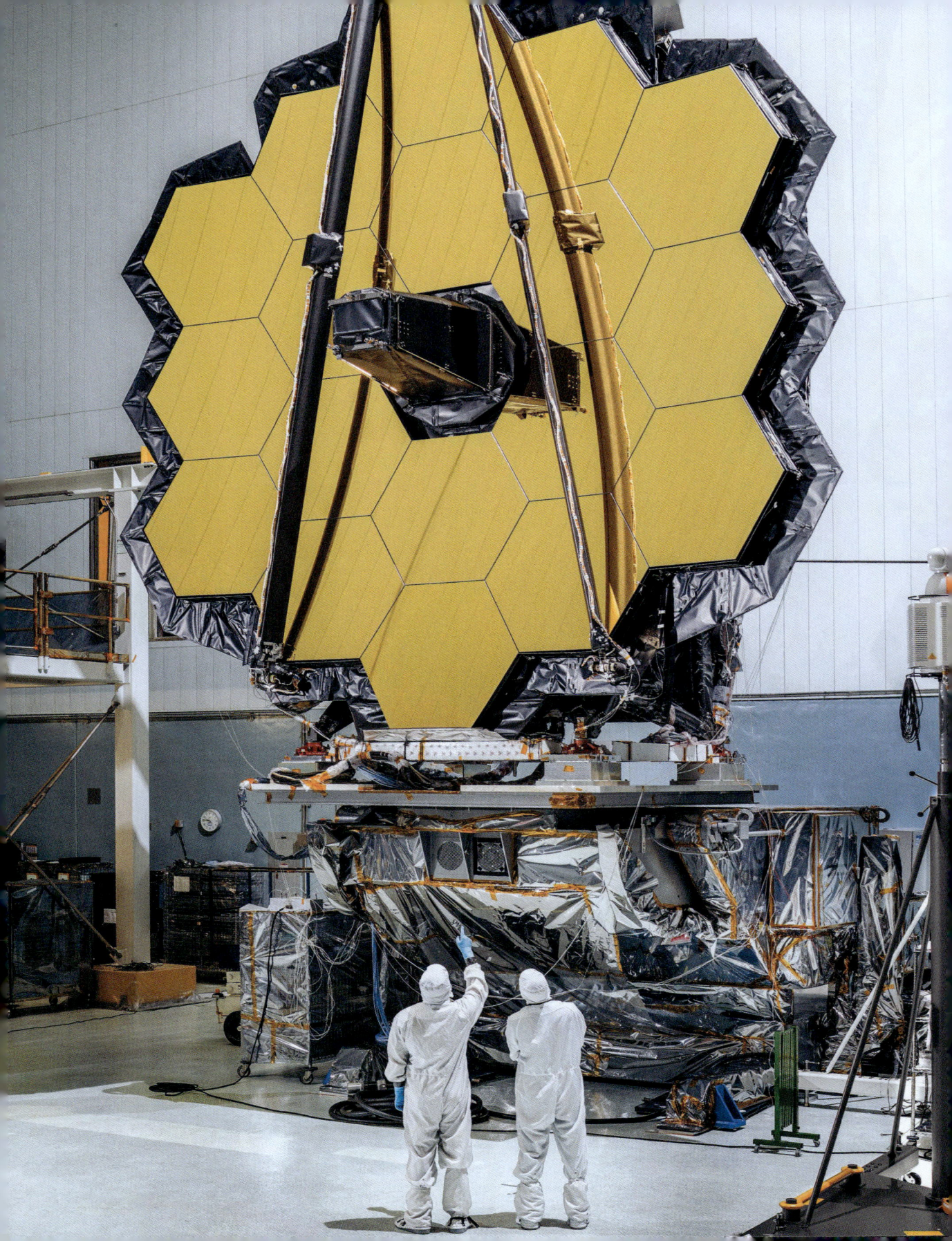

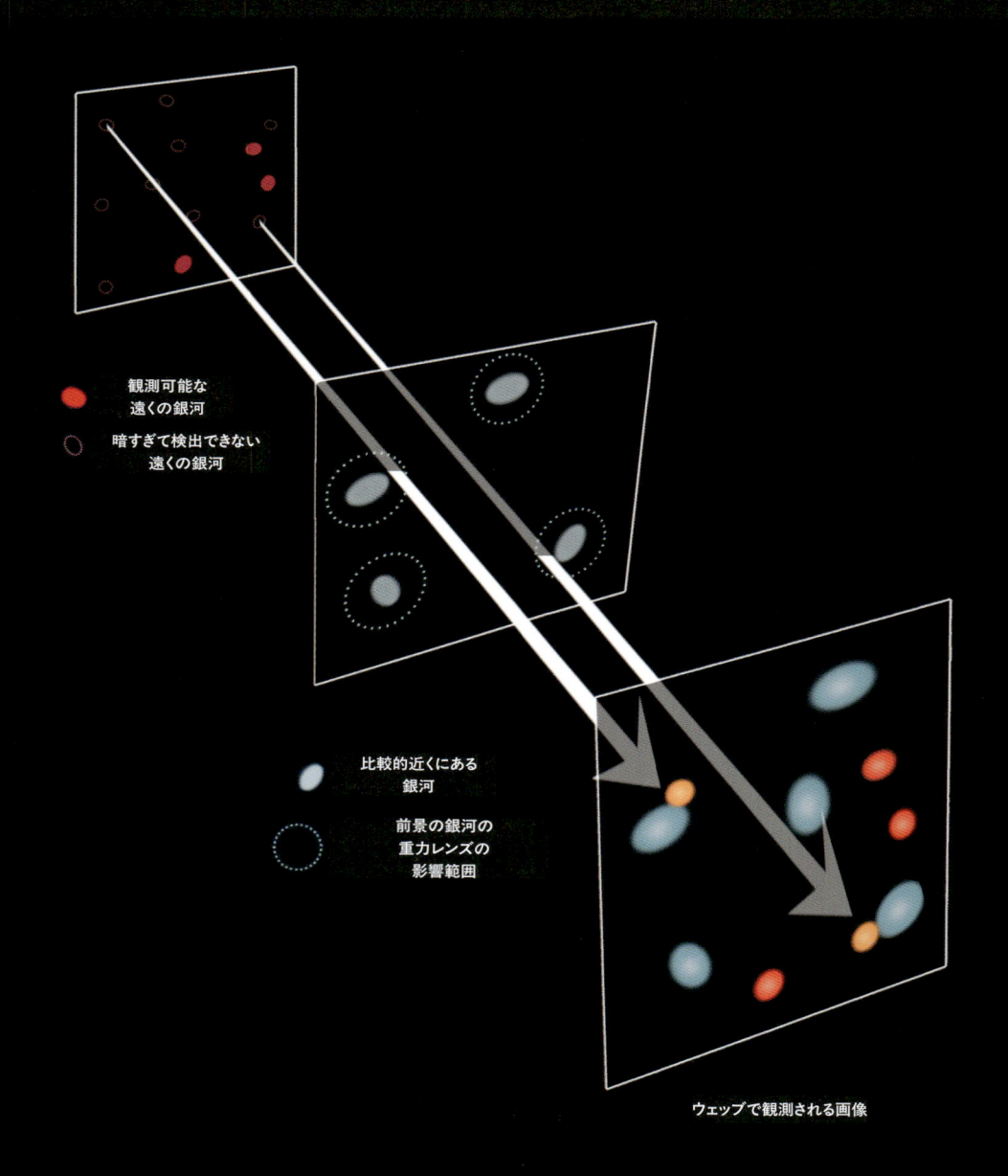

観測可能な
遠くの銀河

暗すぎて検出できない
遠くの銀河

比較的近くにある
銀河

前景の銀河の
重力レンズの
影響範囲

ウェップで観測される画像

上：重力レンズが遠くの銀河の見た目にどう影響するかを示した図。

「JWSTは巨大な光のバケツのようなもので、
小型の望遠鏡では見逃してしまうようなものを見せてくれます。
そして、非常にすぐれた角分解能を提供してくれます。
そのおかげで、遠く離れた領域でさえ、
比較的小さな特徴も見分けられるほどの鮮明さを得られるのです」
──**メーガン・ライター教授**（ライス大学、テキサス州ヒューストン）

古い銀河を見つけられることを証明した。これはビッグバンから3〜4億年後、宇宙が今の年齢のわずか2〜3%だった時代に相当する。これらの「赤方偏移13」の銀河から届く光は、「宇宙の夜明け」の時代に初期宇宙へと放たれた最初の光の一部だ。つまり、ウェッブによって私たちは、宇宙で最古の構造をマッピングできるようになりつつあるのだ。

重力レンズ効果

　ウェッブが観測史上最古の銀河を発見したときには、重力の助けも借りていた。102〜103ページのディープフィールド画像で、こうした太古の銀河はSMACS 0723銀河団の背景に写っている。これらの銀河からきた光は銀河団を通過するときに、「重力レンズ効果」と呼ばれる現象によって拡大され、検出しやすくなっている。では、重力レンズ効果はどのように働くのだろう？

　遠くの天体から出た光が私たちに向かって進み、SMACS 0723のような、銀河団などの非常に重い天体を通過すると、巨大な質量が生み出す重力によって光はわずかに曲がり、この光のゆがみによって天体の像は拡大される。私たちが観測するディープフィールドの前景にある銀河団の銀河の総質量が、レンズのように働いている──これは一種の巨大な宇宙の虫眼鏡だ。これが遠くの天体をより大きく、より明るく見せるのだ。ウェッブの感度とこのレンズ効果のおかげで、SMACS 0723ディープフィールドに写っているきわめて初期の、非常に遠い銀河からのかすかな光を見ることができる。また、重力レンズは遠くの天体を引き伸ばされたかのようにも見せる。このように重力レンズ効果を受けた銀河は、弧を描くようにぼやけて見えることがよくある。SMACS 0723ディープフィールドの中にもそんな銀河がたくさんある。レンズ効果が非常に強い場合には、1個の引き伸ばされた像ではなく、同じ天体の像がいくつかに分かれて見えることすらある。これは光学的な錯覚で、蜃気楼に少し似ている。これと同じ効果は、ワイングラスの台座を通して下のテーブルクロスの模様を見ることで作り出せるのだ！

次ページ：ウェッブがとらえた銀河団SDSS J1226+2149。強力な重力レンズとして働いている銀河団だ。「宇宙のタツノオトシゴ」というニックネームがつけられた、歪んで引き伸ばされた銀河が見える。

宇宙のタツノオトシゴ

最初のディープフィールド画像をバイデン大統領が公開して以来、ウェッブは休む間もなく、他の深宇宙の領域でも同様の撮影をおこなってきた。110〜111ページの画像では、たくさんの白い楕円銀河と赤っぽい渦巻銀河が見える。特に画像の右下部分には、ぼやけた光の弧が写っている——これは巨大な重力レンズが存在することを示唆している。この円弧像はかみのけ座の方向、約63億光年の距離にある「SDSS J1226+2419」と呼ばれる銀河団によって生み出されている。その巨大な質量が周囲の空間をゆがめて、背景にあるさらに遠くの銀河からきた光を曲げている。ここに写っている大きな明るい赤い天体は背景にある遠方の銀河で、見かけの姿が重力レンズによって超現実的な形に歪み、拡大されている。こうしたレンズ像の一つで、重力レンズの中心近くで長い明るい円弧となって写っているのが、「宇宙のタツノオトシゴ銀河」として知られているものだ。この天体像は大きく引き伸ばされて拡大されているので、天文学者たちがこの銀河の中で起こっている星形成の様子を調べるのに役立っている。もう一つ、大きく拡大された赤い銀河が銀河団の中心に向かって位置しており、その像は巨大な円錐形に歪められている。銀河団の中心には巨大で非常に明るい楕円銀河があり、その中心は白く輝いている。

ダークマターについての一言

現在私たちは、宇宙のほとんどが「ダークエネルギー」と「ダークマター」という、目に見えない謎の成分でできていることを知っている。これらについてはほとんど何も分かっていないが、この2つが宇宙の構造を支配している。理論によると、ダークエネルギーは宇宙の膨張に寄与し、その速度を加速させている目に見えない影響力だとされる。ダークマターも、あらゆる波長の光を反射・放射・吸収しないので目に見えない——どんな種類の光も、ダークマターを通り抜けるのだ。ダークマターは宇宙の構成要素をばらばらにするのではなく、重力的な引力を及ぼして物質を一まとまりに保っている。

実際のところ、私たちが目にしたり科学機器で観測する、いわゆる「普通」の物質（すべての星や惑星を含む）は、おそらく宇宙の成分のわずか5％にしかならない。これらの物質を「普通の」と言うのは実はあまり適切ではない。逆に、ダークマターという用語は実際には、目に見えない物質すべてを表すのに使っている。ダークマターが何からできているのかは分からない——未発見の粒子、または粒子群かもしれない。にもかかわらず、ダークマターが銀河や銀河団の質量のほとんどを占めていて、宇宙が時代とともにどう進化し、現在どのように形づくられているのか、という点で大きな役割を果たしていることは分かっている。

ダークマターを見ることはできないし、その正体も分からない——では、どうしてそれが存在すると確信できるのだろう？　実は、ダークマターがあることは非常に確実に言えるし、どこに存在するのかも言うことができる。なぜなら、ダークマターが普通の物質に

及ぼす重力の影響によって、存在が明らかになるからだ。ダークマターの存在を推測する方法の一つは、遠くの天体から私たちに向かってやってくる光を観測し、重力レンズ効果に注意を向けることだ。もし、遠くの天体からの光がこのようなレンズ効果を受けていることが分かり、しかし重力効果を引き起こすのに十分な「普通の」物質が適切な場所に存在しないという場合には、それはダークマターがあることを示している。観測とコンピューターモデリングに基づいて、銀河団のような普通の物質からなる大きな構造の周りにはダークマターが存在するという十分な証拠が得られている。ダークマターは普通の物質を引き寄せてこれらの大きな構造を生み出し、私たちに見える重力レンズ効果のほとんどの原因となっているようだ。

　ウェッブは人間と同じくダークマターを見ることはできないが、それでもダークマターをより深く理解するのに役立っている。その理由は、ウェッブが信じられないほど鮮明な画像を撮影でき、宇宙の奥深くを見ることができるためだ。ウェッブの画像はこれまでに見たどんな画像よりも鮮明ではっきりしているので、ごくわずかな重力の乱れですら正確に観測、測定できるのだ。そして、ウェッブには遠方まで見る能力があるので、ダークマターによって曲げられる光を放射している背景の銀河もよりたくさん検出できる。そのきわめてクリアな赤外線の視力によって、この望遠鏡はハッブルの足跡をたどり、まさに最初の銀河の起源までさかのぼって見通して、初期宇宙の進化にダークマターが果たした役割について、より多くのことを教えてくれるだろう。この正体不明で目に見えない成分が、普通の物質——恒星、銀河、銀河団——の形成や進化に影響を与えてきたはずであることは分かっているが、さらに多くのことが分かるまでは、どのようにそれが起こったのかを理解することはできないだろう。

「強い重力レンズ効果の影響は、
　サルバドール・ダリが酒を何杯か飲んだ後に
　思い付きそうなものに似ています」
　——**マーク・マコーリン教授**
　　　（ESA上級科学顧問、NASA JWST科学ワーキンググループ）

　これらのディープフィールド画像によって、ウェッブは文字どおり天文学の教科書を書き換え始めている。なぜなら、ウェッブはこれまでよりさらに過去を、宇宙の始まりに近い時代まで見ることができ、最初の恒星や銀河、惑星が形成され、成長し、相互作用する様子をかつてない詳しさで見ることができ

るからだ。今後20年にわたって続くというミッションの見通しがあることから、今後も変革をもたらすような発見がますます出てくると期待でき、世界中の研究者がこのディープフィールドのデータに、これから長期にわたって取り組むことだろう。

前ページと上：ハッブルで撮影された大質量銀河団「Cl 0024+17」の2枚の画像。前ページの画像は可視光線で撮影したもの。青い光の弧は、銀河団の背景の遠くにある銀河の像が拡大されて歪められたもので、そこから出た光は重力レンズ効果で曲げられ、増光されている。上の画像で重ねられている青色の影は、ダークマターのある場所を示している。

第4章

銀河

銀河の形成
──どのように進化し、相互作用するのか

　ウェッブが撮影したディープフィールド画像を科学者たちが丹念に調べる際に最も注目しているのが、最も古く最も遠い銀河から届く、かすかな光だ。しかし、なぜ私たちは、このようなきわめて初期の銀河にそれほど興味を持つのだろう？　その理由は、これらの銀河がどうやって作られ、どのように進化したか、さらに、宇宙や宇宙のこれまでの進化にどんな影響を与えたのかを理解したいからだ。

　科学者たちは、ビッグバンの後の宇宙はほぼ完全に、水素とヘリウムという最も軽い元素からできていて、リチウムとベリリウムがわずかに存在し、恒星や惑星、地球上にいる生命体に見られるような重い元素は全く存在しなかったと考えている。これらの重い元素は、初期の銀河が成長・発達するとともに、その中にある恒星によって最終的に作られ、恒星が死を迎えると宇宙に放出されることになる。これらの元素は新たな星や惑星という形で宇宙全体で再利用され、宇宙を劇的に変えていった。では、最初の恒星や銀河はどのようにして生まれたのだろう？

　最初の銀河が作られたとき、それらは「スターバースト銀河」だったと考えられる。これらの銀河は信じられない速さで星々を生み出し、灼熱の紫外線（UV）を大量に放射して、宇宙の「暗黒時代」を終

「銀河が成長する初期段階を理解せずに銀河を理解するのは、
難しいことです。人間と同じように、のちの時代に起こることの多くは、
これら初期の世代の星々が与えた影響によって決まります。
銀河に関する多くの疑問を解くために、
JWSTという画期的な機会を待ち望んでいました。
私たちはその一端を担えることに胸を躍らせています」
──**サンドロ・タッケラ** （英国・ケンブリッジ大学）

左：MIRIの全フィルターを使って撮影された「ステファンの五つ子」。この「五つ子」は実際には4個の銀河が相互作用している銀河群で、5番目の銀河（画面左）は手前にある無関係の銀河だ。

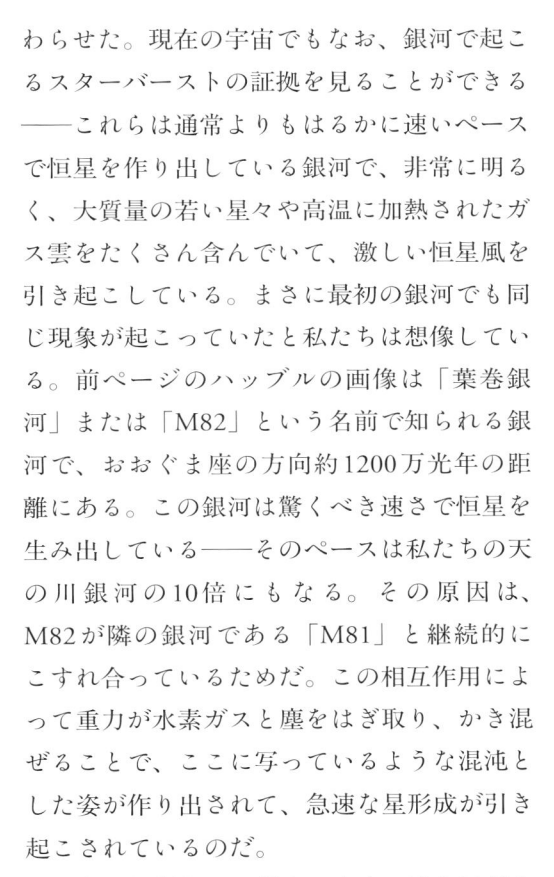

わらせた。現在の宇宙でもなお、銀河で起こるスターバーストの証拠を見ることができる──これらは通常よりもはるかに速いペースで恒星を作り出している銀河で、非常に明るく、大質量の若い星々や高温に加熱されたガス雲をたくさん含んでいて、激しい恒星風を引き起こしている。まさに最初の銀河でも同じ現象が起こっていたと私たちは想像している。前ページのハッブルの画像は「葉巻銀河」または「M82」という名前で知られる銀河で、おおぐま座の方向約1200万光年の距離にある。この銀河は驚くべき速さで恒星を生み出している──そのペースは私たちの天の川銀河の10倍にもなる。その原因は、M82が隣の銀河である「M81」と継続的にこすれ合っているためだ。この相互作用によって重力が水素ガスと塵をはぎ取り、かき混ぜることで、ここに写っているような混沌とした姿が作り出されて、急速な星形成が引き起こされているのだ。

　こうした現象は、現在の宇宙ではさほどよく見られるものではない。普通、このようなことが起こるのは、銀河が他の銀河と相互作用して、銀河の合体のようなかなり激しい現象が起こっている場合だ。今よりも混み合っていた初期の宇宙では、銀河同士の相互作用や衝突、ニアミスなどがはるかにたくさん起きていた可能性があり、そのせいで当時は星形成が猛烈に急増したのかもしれない。しかし、これらはまだ確かに言えることではない。科学者たちは現在、ウェッブを使って、

左：葉巻銀河（M82）。おおぐま座にあるスターバースト銀河。ハッブルが撮影。

宇宙がどんなふうに成長し始めたのかについて、根本的な疑問に答えようとしている——最初の銀河はなぜ、どのようにして作られたのか、それらが初期宇宙にどんな影響を与えたのか、実際のところ、何が起こって宇宙は光に対して透明になったのか、というような問いだ。初期のスターバースト銀河はどのようにして、より新しく、ずっと複雑な銀河へと発達したのだろう？　そして、のちの時代のこうした銀河や星々は、他のあらゆるものの材料となる重元素をいつ生み出したのだろう？　宇宙の初期段階について、より深く理解することができれば、現在の宇宙で起こっていることも、もっと容易に解釈できるようになるだろう。

幽霊銀河

ウェッブは宇宙の全域で銀河を観測している。銀河がどのように形成されて渦巻状やリング状といった形をとるようになるのか、中心のブラックホールがその成長にどんなふうに影響を与えるのか、といった理解を深めようとしている。スターバースト銀河の混沌とした姿とは対照的な次ページの画像は、「幽霊銀河」、または「M74」という名前で知られる銀河の姿だ。この銀河はうお座の方向3200万光年の距離にある。銀河はその形によって、楕円銀河、渦巻銀河、不規則銀河に分類される。この銀河は、成熟した渦巻銀河の非常によい例だ——実際、この銀河は渦巻腕が非常にはっきりしているので「グランドデザイン渦巻銀河」に分類されていて、約1000億個の星々からなると推定されている。

また、X線望遠鏡での測定から、この銀河の中心部には質量が大きくて超高光度の構造があることが示唆されていて、非常に興味深い天体だ。これはかなり珍しい天体——「中間質量ブラックホール」と呼ばれる、恒星質量サイズと超大質量サイズの中間のブラックホールかもしれない。

コンピューターモデルから、このような銀河は、のちに銀河の骨格となるべきところに目に見えないダークマターが集まることで作られる、と考えられている。このダークマターが、塵やガスのような目に見える「普通」の物質を引き寄せ、この骨組みの中に集積して星や銀河になるのだ。小さな構造が徐々に合体して大きな構造になり、最終的に現在、私たちの近くにある銀河のような姿になる。これまでの理論では、初期宇宙の銀河は大部分が小さくて不規則な形や丸い形をしており、老齢の銀河ほど特定の形にまとまっていくとされている。

ウェッブはこうした理論を検証し、正しさに疑問を投げかけることが可能な、他にない地位にいると言える。現在ウェッブは、これまでよりもさらに昔にさかのぼる観測をすることで、こうした検証に取り組んでおり、宇宙で最初の構造を観測できるようになっている。だが、幽霊銀河のように複雑な銀河を研究するときには、そんなウェッブもハッブルから、少しばかり助けを借りることがある。赤外線で観測するウェッブの「眼」と、可視光線と紫外線で観測をおこなうハッブルの「眼」で、同時にこれらの銀河を観察することに意味があるのだ。2つの望遠鏡で得られるデータを組み合わせると、それぞれが単独

上：MIRIで撮影された幽霊銀河。

「どんな銀河でも、多波長で研究することは玉ねぎの層のような構造です。
それぞれの波長が、違った何かを私たちに見せてくれるのです」
──マカレナ・ガルシア・マリン博士（ESA MIRI装置担当科学者）

で観測するよりも多くのことが分かる可能性
がある。

　124ページの画像から分かるように、この
2つのまったく異なる望遠鏡で得られるデー
タは、お互いをうまく補いあっている。この
銀河は地球にほぼ正面を向けているのでよい

観測対象だ。左のハッブルによる画像では、
銀河は渦巻腕の間に大量の塵があるせいでか
なり不透明だが、それでもたくさんの若い
星々が銀河中心の周りを回っているのが見え
る。また、星形成が最も活発な領域は非常に
明るい赤色の斑点として写っている。一方、

上：ハッブル（左上）とウェップのMIRI（右上）で撮影された幽霊銀河と、
　　両方の望遠鏡のデータを合成した画像（下）。

ウェブのMIRIの画像では、銀河の腕にある巨大な塵の雲を詳しくとらえている。2枚の下にある合成画像は、両方のデータを重ね合わせたものだ。別々の望遠鏡で、異なる波長で撮影された画像がさまざまな視点をもたらしてくれるおかげで、私たちが何を見ているのかを解釈する助けになる——これは、同じ問題を複数の教科書で読み比べることで、より明確に理解できるようなものだ。

棒渦巻銀河

　下の美しいMIRIの画像は棒渦巻銀河「NGC 7496」を撮影したもので、中心部に恒星からなる棒状の構造を持つ渦巻銀河だ。私たちの銀河である天の川銀河も、もし離れた場所から眺めることができれば、これと同じような姿に見えるだろう。この天体はつる座の方向約2400万光年の距離にある。中心にある非常に明るい光源は「活動銀河核」、あるいは活動的な超大質量ブラックホールと呼ばれる天体で、ウェブ特有の回折光芒を生み出している。この中心核は物質のジェットと大量の光をブラックホールの周辺領域から放出している。科学者たちは、天の川銀河を含む宇宙全体の多くの銀河が、このような超大質

上：MIRIで撮影された棒渦巻銀河NGC 7496。

量ブラックホールを持つと考えている。ただし、そのすべてがNGC
7496のもののように活動的なわけではない。

　この画像から、NGC 7496は印象的な塵の筋によって特徴づけられる
ことが分かる。塵の中には巨大な空洞があり、非常に若く活動的な星々
が放出するエネルギー豊富な物質のジェットや灼熱の光によって削り出
された、小さなガスの泡も見られる。

　ウェッブは、若い星々が形成されることで銀河の進化にどんな影響を
与えるかを観察するのに使われている。若い星は常に厚い塵の雲に覆わ
れていて見ることができないために、これまでこの分野の研究は遅れて
いた——だがウェッブではこれは問題にならない。研究者はNGC 7496
の中で、これまで見つかっていなかった60個の星団を新たに発見して
いる。これらの中には非常に若い星々も含まれている。ウェッブ望遠鏡
は塵の組成をより詳しく調べるのにも使われており、渦巻腕の間に炭化
水素が濃く集まっていることが確認されている。ご存じのとおり、これ
らは惑星の構成要素や生命の材料として重要なものだ。

宇宙の車輪

　次ページの印象的な画像は「ESO 350-40」または「車輪銀河」とい
う名前で知られる天体で、ちょうこくしつ座の方向5億光年の距離にあ
る。直径は約15万光年と見積もられている。これはNIRCamとMIRIで
撮影された画像を合成したもので、車輪銀河とともに2個の伴銀河が左
に写っている。車輪銀河ははっきりとしたリング構造を持つスターバー
スト銀河だ——このような銀河の構造は渦巻銀河よりもずっと珍しい。
この銀河はかつては渦巻構造を持っていたという証拠があるが、およそ
4億年前に別の銀河と激しく衝突したのち、より複雑なリング構造を持

「遠く離れた場所から庭の写真を撮ると、
何か緑色のものが見えるだけでしょう。
しかしJWSTを使えば、葉の一枚一枚や花、茎、
もしかしたらその下の土壌までも見ることができるのです」
——マカレナ・ガルシア・マリン博士（ESA JWST MIRI装置担当科学者）

右：NIRCamとMIRIで撮影された車輪銀河。

上：MIRIで撮影された車輪銀河。

つようになった。この衝突でエネルギーの衝撃波が生み出され、その結果、中心から外へと波紋のように広がる2本の特徴的なリングができた。明るい内側のリングは銀河の中心核を取り囲んでいて、大量の高温の塵や古い星々の星団を含んでいる。外側のリングは衝撃波によって圧縮された大量の塵とガスからできている。このリングは非常に活動的で、外側へと押し出される際に生まれた新しい星をたくさん含んでいる。この銀河合体によって、普通の渦巻銀河で見られるよりもはるかに急速な星形成が引き起こされている。

また、2本のリングが「スポーク」〔訳注：車輪の軸と縁を結んで支える放射状の構造〕でつながっているのも見える。これは銀河の渦巻腕が重力で変形したものだと考えられている。このため、現在見えている車輪構造は、おそらくあと数百万年しかもたず、車輪銀河は最終的には元の渦巻形に戻るかもしれない——もちろん、その間にまた別の銀河が衝突しなければ。

前ページにある車輪銀河の2枚目の画像はMIRIで撮影されたものだ。この画像にははっきりとした青色の領域がたくさん写ってい

上：NIRCamとMIRIによる超高光度銀河「Arp 220」の
合成画像（130ページを参照）。

て、これらは星形成領域だ。MIRIの観測に
よって、銀河核を囲む内側のリングの様子が
より詳しく明らかになっている。2本のリン
グの間にあってスポークが存在している塵の
多い領域にはたくさんの星と星団があり、
MIRIの分光計によって、ケイ酸塩と炭化水
素の多い場所が特定されている。これらの塵
が地球上の塵とよく似た組成を持っているこ
とが分かる。

　この風変わりな銀河をNIRCamとMIRIで
詳しく観察することで、なぜこんな姿になっ
たのか、またこの独特な構造を支配している

プロセスについて、理解する助けとなるだろ
う。

特異な銀河と桁外れの明るさ

　へび座の方向約2億5000万光年の距離に、
「Arp 220」という珍しい銀河がある。この銀
河は「超高光度銀河」に分類されている。こ
の「超高光度」という用語は、太陽の1000
億倍も明るいような、最大級に明るい天体に
だけ使われる言葉だ。超高光度銀河は特に赤
外線で明るいため、ウェッブを使う天文学者

の大きな関心の的となっている。

Arp 220という名前は、1966年にカリフォルニア工科大学が出版した、ホルトン・アープの『特異銀河アトラス（Atlas of Peculiar Galaxies）』〔訳注：アトラス＝地図帳のこと〕に載っている220番目の天体であることからこう呼ばれている。この銀河カタログは、さまざまな銀河の形を生み出す元となっているプロセスを理解するのに役立てる目的で作られた――私たちは銀河を渦巻銀河や楕円銀河としてよく認識するが、このカタログでは、より特異な銀河構造を作り出すメカニズムや、分類に従わない銀河に焦点を当てている。

このカタログの刊行当時は、銀河の形成や形を決定している要因についてはほとんど分かっていなかった。現在では、変わった形をしている銀河の多くは、2つかそれ以上の銀河が衝突し、相互作用しているものだと説明されるようになった。さらに、「矮小銀河」という天体もある。矮小銀河は非常に小さく、はっきりした形を作って維持できるだけの重力を生み出せない天体だ。現在では、Arp 220は1個の変わった形の銀河ではなく、2個の渦巻銀河が7億年前から激しく合体している途中の天体であることが分かっている。まだ、完全に合体するまでには時間はある――2個の中心核は今でも1000光年以上離れているのだ。合体が目前に迫っているせいで、巨大なスターバーストが引き起こされている――衝突位置には非常に大きく活発な星形成領域がいくつも見られる。200個以上の非常に大きな星団を見分けることができ、塵とガスであふれている混み合った中心部には、たくさんの超新星残骸も見られる――こ

の領域には天の川銀河全体に含まれるよりも多量のガスが存在すると計算されている。

このすさまじいスターバーストこそが、Arp 220の超高光度を生み出し、この画像に見られる劇的な回折光芒を作り出しているのだ。科学者たちは銀河同士がこのように衝突するときに何が起こるのか、より深く知りたいと思っている。銀河が衝突するとたくさんの星形成が起こることは分かっているが、こうした激しい現象が起こると、多くの銀河の中心にあってその活発な活動を引き起こしている超大質量ブラックホールを生み出すことにもつながる可能性がある。

銀河の衝突を観察できるか？

天文学者は、さまざまな異なる形の銀河をそれぞれ研究し、それらがどう成長したか、そして内部で起こる星の誕生、進化、死のプロセスを理解したいと考えている。しかし、銀河の合体を観測すれば、さらに多くのことを学ぶことができる。これまで見てきたように、銀河の合体は激しい現象で、巨大な構造物が互いに衝突し、大規模な衝撃波と広大な星形成領域を作り出し、銀河の構造を劇的に変化させる。次ページの画像はハッブルが撮影した銀河のペアで、「Zwicky II 96（IIZW 96）」という名前がついている。いるか座の方向にあり、互いに約500光年離れて衝突しつつある。2つの銀河は非常に乱れた様子を見せているが、ここで起こっていることを考

右：ハッブルで撮影された衝突銀河「Zwicky II 96」。

えればそれも当然だ。2つの銀河の構造は
荒々しい衝突でぐちゃぐちゃになり、かつて
の特徴的な渦巻腕は重力で歪められている。
車輪銀河と同じように、衝突でできた非常に
明るく活発な星形成領域が、合体しつつある
銀河の中央近くに見られる。Zwicky II 96の
構造は合体銀河の中でもかなり変わってい
て、強い星形成領域がいくつも、まるでクリ
スマスツリーの灯りのように、2個の銀河の
間に連なっている。

　このようにたくさんの星形成活動が見られ
るため、この合体銀河は特に赤外線で明る
く、ウェッブのよい観測対象になっている。
次ページの画像は同じ視野をウェッブでとら
えたものだ。この画像では、2個の銀河の明
るい中心部（青色）や巨大な星形成領域の連
なり（赤色と金色）の複雑な様子をより詳細に
見ることができる。そして背景には、たくさ
んの銀河が見られる。これらもハッブルの画
像では見えなかったものだ。

　これほど激しい活動性を持つため、
Zwicky II 96はほぼ超高光度銀河と呼んでも
よい。しかし、完全にその基準に達している
わけではない──超高光度銀河ほど大きくは
なく、そう呼べるほど明るい光を放出してい
るわけではないからだ。超高光度銀河と呼べ
る規模になるためには、さらに多くの銀河と
合体してもっと大きな銀河団を形づくる必要
があるだろう。

右：ウェッブで撮影されたZwicky II 96。

銀河団

宇宙には数十億、数百億かそれ以上の銀河があり、それらは非常にダイナミックで、常に動き回っていることが分かっている。科学者の計算によれば、私たちの天の川銀河は秒速210kmで自転しながら、宇宙空間を時速数千kmの速さで疾走しているのだ！ 私たちはこの運動を感じないが、それは地球の自転や太陽の周りの公転を感じないのと同じだ。しかし、これは考えてみると大変興味深いことだ。実際、約45億年後までには、天の川銀河とお隣のアンドロメダ銀河が衝突して新しい巨大な銀河が生まれると予想されている。このようにたくさんの銀河が動き回っているので、銀河同士が衝突するのは驚くべきことではない。複数の銀河が合体して銀河団を作り、銀河団同士も衝突して「超銀河団」を形成するという、大規模な「玉突き衝突」も起こりうる。なかには私たちの理解を超えるような大規模なものもある。

これまでに観測された中で最も大きく、最も密集した銀河団の一つが、「かみのけ座銀河団」または「Abell 1656」という名前の天体だ。この銀河団は3億光年かなたにある巨大で密集した構造で、直径2500万光年の領域に1000個以上の銀河が密集していて、現在も成長しつつある。非常に大きいので、この銀河団はダークマターの存在を示す重力レンズ効果の異常に最初に気づいた場所の一つにもなった。かみのけ座銀河団のような巨大銀河団と周囲との相互作用は、周りの宇宙空間に大きな影響を与える。そのため、宇宙の進化を決定するプロセスを理解しようと思う

なら、銀河団の歴史をもっと詳しく明らかにする必要がある。

銀河合体によって何が起こるのかを本当に理解するためには、銀河が成長し、銀河団を形成し始めていた最初期の銀河までさかのぼって観測する必要がある。このような非常に遠くの天体からくる光は極端に暗く、私たちのもとに届くまでの間に赤方偏移を起こすため、これは常に困難な課題だった。しかし現在ではウェッブによって、それを実現できる道具が手に入ったのだ。

銀河相互作用というパンドラの箱を開く

次ページの画像には、ハッブルが撮影した銀河団「Abell 2744」の中心部が写っている。この銀河団は約35億光年の距離にある。この領域は、隠された驚異と人間の好奇心を描いたギリシャ神話の寓話（パンドラの箱）にちなんで、「パンドラ銀河団」という名前でも知られている。パンドラ銀河団は過去にいくつかの銀河団同士が合体してできた天体で、この合体は今も進行中だ。この天体には、銀河がどう相互作用するのかについて学ぶべきことがたくさんあり、ハッブルはそのプロセスを明らかにするのに大変役立ってきた。ただ、可視光線では、何が起きているのかを本当に明らかにできるほどには詳しく見ること

右：「パンドラ銀河団」というニックネームを持つ合体中の銀河団「Abell 2744」の中心部をハッブルが撮影した画像。

次ページ：NIRCamで撮影されたパンドラ銀河団。

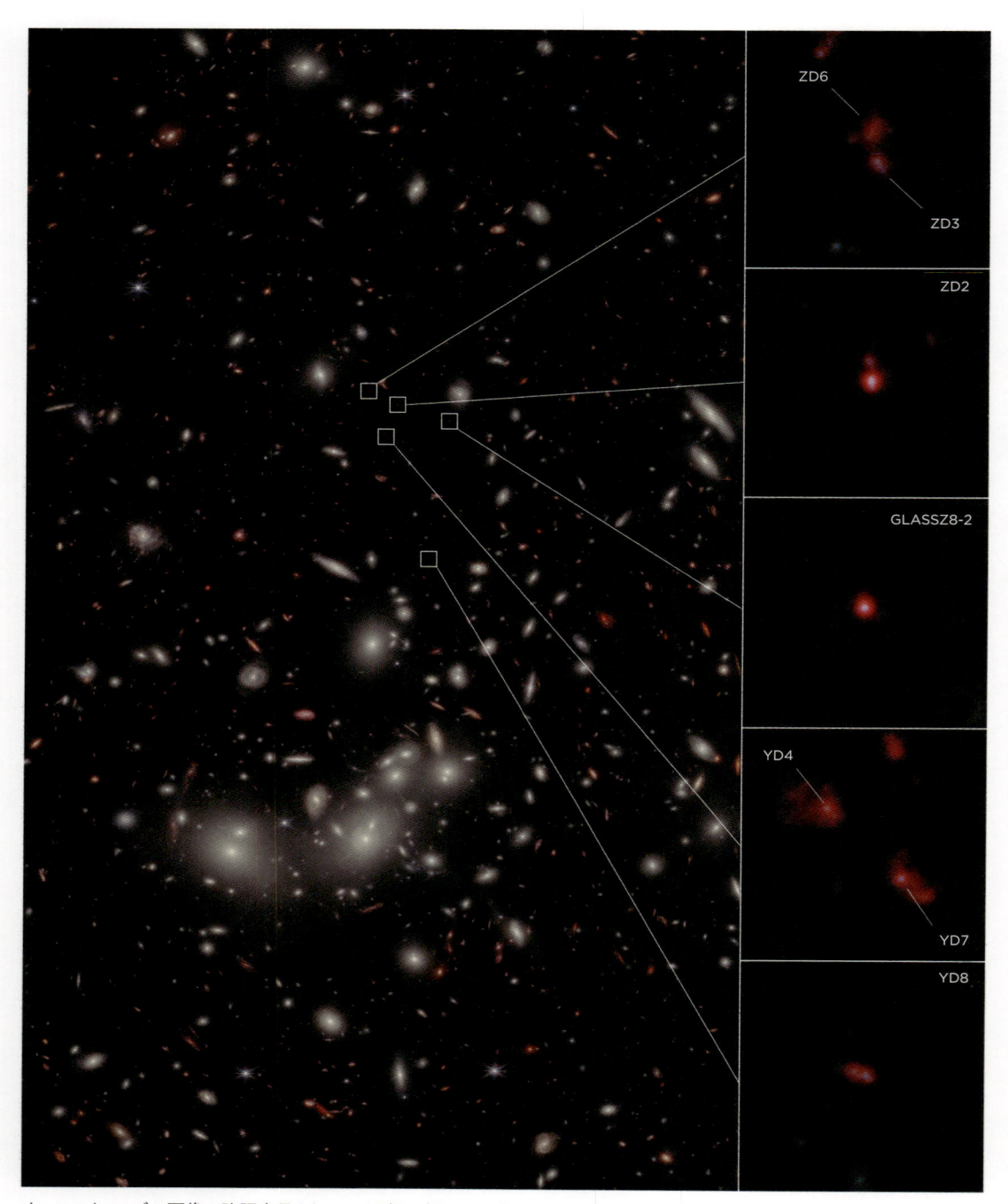

上：このウェッブの画像で強調表示されている7個の銀河は、新たな銀河団を作る運命にある。

ができない。しかしハッブルの観測を元に、この空の領域はすぐれた赤外線観測能力を持つウェッブの観測目標に選ばれた。

　対照的に、前ページの画像はNIRCamで撮影されたパンドラ銀河団の姿だ。前景に写っている天の川銀河の星にはウェッブ特有の回折光芒が出ている。この星よりずっと遠くにある、大きくぼんやりした白い天体は、パンドラ銀河団自身の中にある3個の巨大な銀河団だ。これらの銀河団は互いに時速数百万kmで急接近していて、1個の巨大な超銀河団へと合体する途中だ。この画像にはハッブルのものよりもずっと広い視野が写っていて、可視光線で見るよりもはるかに多くの細部を明らかにしている。この視野には約5万個の近赤外線天体が写っていると推定されている。視野の広さと深さは前例がないほどで、天文学者に新たなデータの宝庫をもたらしている。NIRCamの高感度の赤外線の「眼」によって、数百の小さな赤い斑点や筋が見える。その大半は、これまでハッブルでも見えなかった、遠くにある非常に古い銀河だ。

　ウェッブのすぐれた赤外線観測能力を使ってこの画像のデータを調べることで、銀河や銀河団がどのように成長し、相互作用し、それらが合体すると何が起こるのかについて、より多くのことが分かるだろう。科学者たちはまた、NIRSpecでも追観測をおこない、銀河団同士の距離やその中の銀河の化学組成についても、より詳しい情報を得ようとしている。こうした観測は、銀河団が時間とともにどう進化するか、もし近くで見ることができたら現在どのように見えるのか、という全体像を作り上げるのに役立つだろう。

　実際、パンドラ銀河団の中にある銀河群はすでに非常に大きく、巨大な重力レンズとして働くほどになっている。これはまさに、ウェッブが公開した最初のディープフィールド画像に写っていた銀河団と同じだ。これらの銀河群は背後の天体を拡大・増光させ、ウェッブですら普通は完全に見えないような細部を私たちに見せてくれる。科学者たちは今、パンドラ銀河団の重力レンズ効果を使い、7個の異なる銀河からなる原始銀河団の姿を撮影している。これらの天体は最終的には合体し、別の銀河団を形づくるはずだ。

　前ページに載せた7個の銀河の原始銀河団（拡大図で赤色で強調されている）は、ハッブルの観測によって、特に急速に銀河進化が進んでいる場所として特定されていて、ウェッブで観測すべき興味深い対象とされていた。これらの銀河は非常に古い――赤方偏移の値によると、これらはビッグバンのわずか6億5000万年後の時代にあると推定されている。科学者たちは現在、ウェッブのNIRSpecを使ってこれらの距離と速度を測定し、これらの銀河が重力で互いに結びついており、より大きな合体がこれから起こる前ぶれといえる状態であることを確認している。さらにドラマチックなことに、これらの測定結果を外挿すると、この銀河群はさらに多くの銀河を徐々に取り込んで、最終的には現在の宇宙のモンスター銀河団であるかみのけ座銀河団に匹敵するほど大きくなるだろうと予想されている。

ステファンの五つ子

　「ステファンの五つ子」は「ヒクソンコンパクト銀河群92」という名前でも知られている銀河群で、マルセイユ天文台にいたフランスの天文学者エドゥアール・ステファンによって1877年に発見された。この見事な眺めの銀河群は、実際には相互作用しながら互いを引き裂いている4個の銀河（NGC 7317、7318A、7318B、7319）からなる。画像の一番左には5個目の銀河「NGC 7320」があるが、この銀河は他の4つとは無関係で、まったく

異なる距離にある——この銀河は地球から4000万光年しか離れていないが、他の4個はペガスス座の方向約3億光年の距離にあるのだ。これでも、距離が数十億光年にもなる他の多くの銀河に比べればかなり近い。そのため、これらのクローズアップ画像から多くのことが分かる。

　上の画像はNIRCamとMIRIで撮影された合成画像だ。3つの銀河が相互作用する際の重力によって、ガスや塵、星々の噴流が引き裂かれている様子が見える。「侵入者」というニックネームがついているNGC 7318B銀

前ページ：NIRCamとMIRIの画像から作成したステファンの五つ子の合成画像。
上：塵を見せるために別のフィルターを使ってMIRIで撮影されたステファンの五つ子。

河が隣り合う銀河の周りの星間空間に入り込むことで生じた衝撃波が見えている。この領域は赤色と金色で強調されていて、猛烈な衝突によって激しい星形成がどのように生じているか、こと細かに見ることができる。ここには数百万個の若い星々や数百のスターバースト領域がある。

　上の画像はMIRIで撮影されたもので、この撮影では別のフィルターが追加されて塵がより細かく見えている。この画像でステファンの五つ子の内部に見える赤色は、非常に活発で塵が多い星形成領域を表している。青い点は比較的塵が少ない星や星団で、ぼんやり広がった青色の領域は炭化水素を大量に含んだ塵の雲がある場所を示す。背景全体には、ウェッブのかつてない感度でとらえられた無数の小さな光点が散らばっている——これらは遠方にある初期の銀河で、赤い色は塵が濃く集まっていることを示し、緑や黄色は炭化水素の多い銀河であることを示している。この画像から、銀河群の中で一番上（北）に写っているNGC 7319銀河の中心にブラックホ

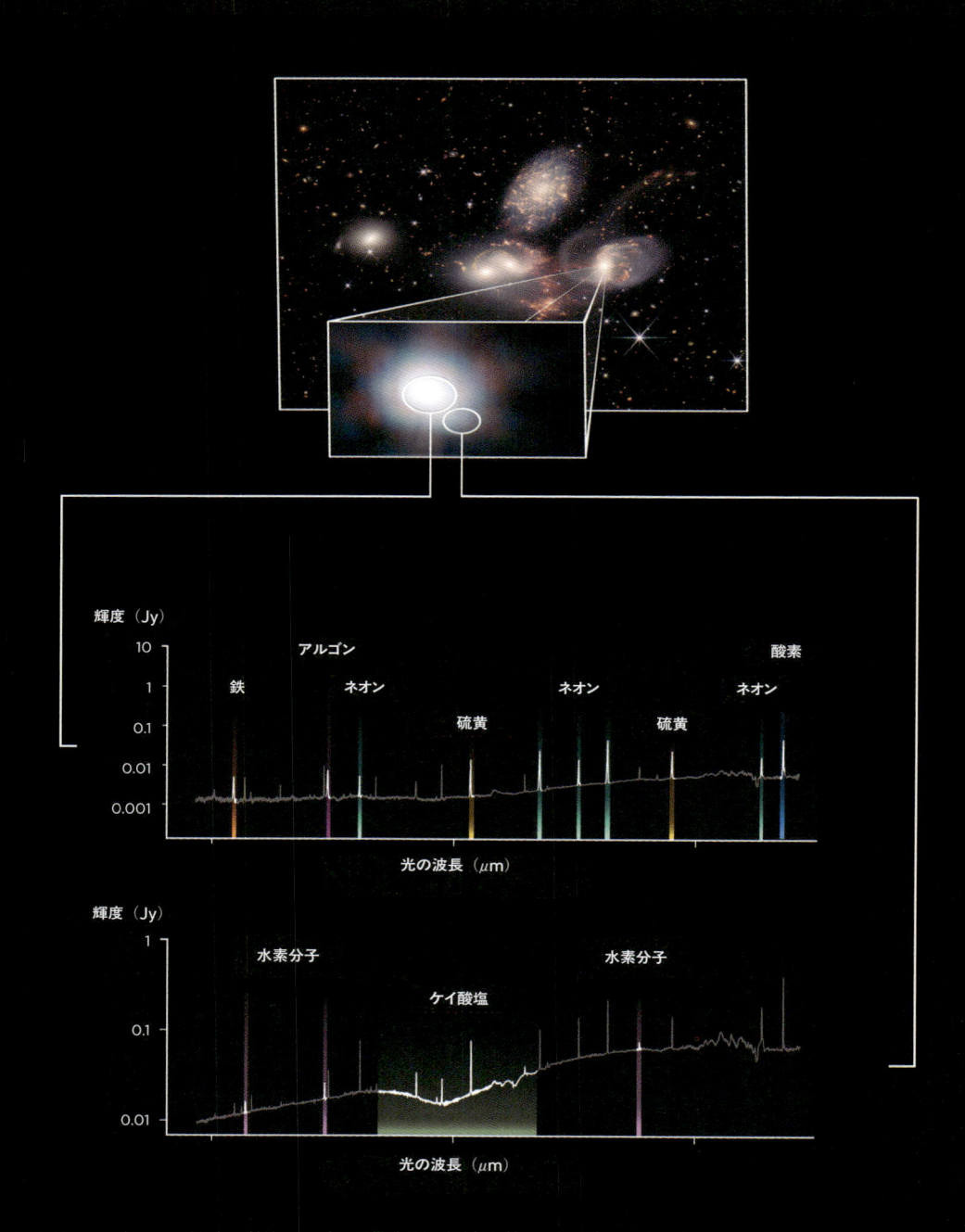

上：ステファンの五つ子──NGC 7319銀河の中心にあるブラックホールの周辺領域を
　　MIRIで分光分析したデータ。

ールが存在することも確認できる。このブラックホールが非常に活発で、周囲の大量の物質が降着していることも分かる。物質が降着することでこの天体から莫大なエネルギーが放出されているからだ。その結果、この天体の周りの領域は非常に明るい——その明るさは太陽の400億倍以上にもなっている。

　MIRIを使うと、ブラックホール周辺の塵を見通すことができ、銀河中心から光を放射している巨大な点光源を、劇的な回折光芒とともに見ることができる。ブラックホールの周りの領域もまた、非常に塵が多い場所だ。どのようにしてそのことが分かるのだろう？科学者たちは分光観測を使ってこの活動的な中心領域をより詳しく調べ、いくつもの興味深い発見をした——得られたスペクトルは、アルゴンが存在することを示している。アルゴンが見つかったということは、銀河中心部のガスが恒星ですら生み出せないほどの超高温になっていることを意味している。このことから、ガスはブラックホールが周囲の物質を吸い込んで成長するときに放出するエネルギーで加熱されていることが分かる。ウェッブはまた、この活動的な中心核で生み出された超高温ガスが劇的なジェットとなっている様子も、これまでにないほど詳細にとらえている。また、この領域からは水素分子も検出されている——これは、活動的なブラックホールによって生み出される強い放射がある環境では存在するはずのない分子だ。これらすべてのことから示唆されるのは、中心部を取り囲む塵が想像を絶するほど高密度で、ブラックホールのすぐ端の場所でさえ、水素分子が実際に守られるほど塵がぶ厚いということ

だ。

　地球により近く、より若いNGC 7320銀河もまた魅力的だ。NIRCamはこの銀河の明るい中心部を、一つひとつの星々まで見分けることができる。その中には、死を迎えつつある老齢の星が大量の塵を放出して惑星状星雲を作り、赤色の点として写っている。他の観測から、この銀河は渦巻銀河であることが分かっているが、MIRIの画像ではその中に濃い塵が見える。MIRIの特殊なフィルターは、こうした塵を検出するのに最適化されている。

　宇宙には他にも合体銀河の例がたくさんあるが、ステファンの五つ子はほぼ間違いなく最も壮観で、地球に最も近く、私たちにもたらす知見が最も多い衝突銀河の一つだろう。このウェッブの美しく鮮明で詳細な画像と、さらに大量の分光データが組み合わさって、銀河や銀河団の形成と進化の原動力となるプロセスをうかがい知る「窓」を私たちに与えてくれる。このような銀河群や合体銀河は、初期の混み合った宇宙ではごくありふれた存在だったのだろう。こうした天体が大規模なスターバーストの引き金となり、今日私たちが目にする宇宙の姿を作り出したプロセスのきっかけになったはずだ。

　だからこそ、ステファンの五つ子のような銀河団の成長を観測することで、何十億年も前に最初の銀河同士の相互作用がどのように初期宇宙の進化をうながしたのかという問題を考えることが可能になるのだ。

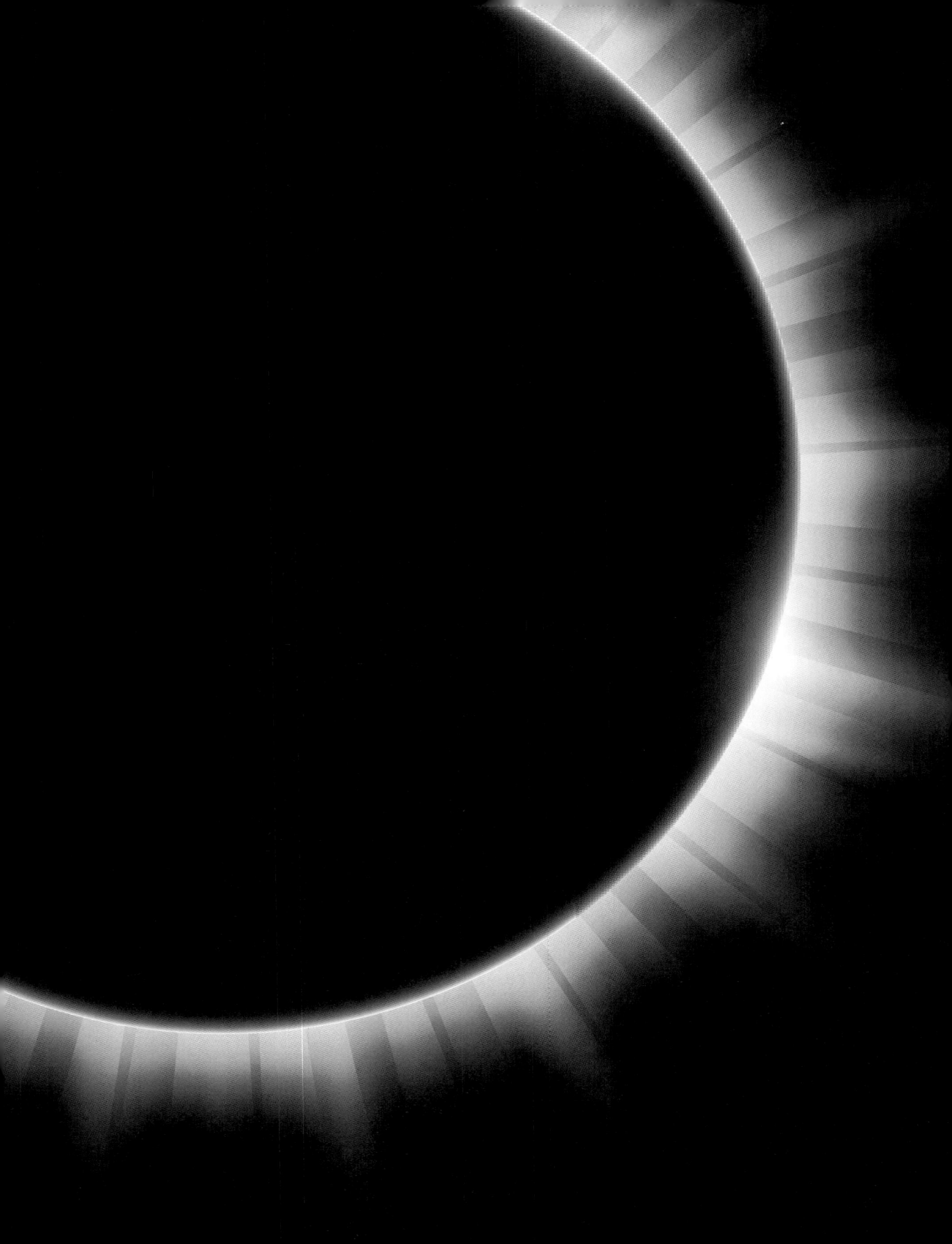

第5章

系外惑星

私たちは孤独なのか?
——ウェッブと異世界の研究

　1992年まで、私たちが確実に知っている惑星は、太陽系にある数個の惑星だけだった。他の恒星の周りを回る惑星——系外惑星——は存在を推測されていて、そのいくつかを発見したと主張する人々もいたが、当時はそれを確かめる技術がなく、証明できなかった。これは非常にもどかしい状況だった。なぜなら、太陽系外で惑星を、特に生命を支える適切な条件を持つ可能性のある地球に似た惑星を見つけることは、宇宙科学の研究において大きな目標の一つだからだ。

　そして、そのときはやってきた。1992年1月9日、電波天文学者のアレクサンダー・ウォルスチャンとデール・フレイルが、「PSR 1257+12」というパルサー（規則的な電波放射が見られる中性子星）の周りを回る惑星を2個発見したと発表したのだ。この発見はその後、他の天文学者によって異なる天文学的手法で検証され、初めて確認された系外惑星の発見例として一般に認められている。それ以来、私たちは進歩の一途をたどっている——地上や宇宙の望遠鏡がますます強力で洗練されたものになるにつれて、系外惑星の確認数は増え続けている。現在では数千個の系外惑星が見つかっているが、これはまだほんの始

左：系外惑星（左）が右の恒星の周りを公転する様子を描いたイラスト。背景にもたくさんの明るい星々がある。

まりにすぎない。

だが、科学者たちは質量の大きな巨大ガス惑星の検出では大いに成功してきたものの、太陽に似た恒星の「ハビタブルゾーン」〔訳注：中心の恒星からほどよい距離にあって水が液体で存在できる、生命の生息に適した領域〕——私たちが知るような生命が存在できる領域を公転する、地球のような小型の岩石惑星を見つけるのは簡単ではないことに気づいている。例えば、ウォルスチャンとフレイルが発見した星は大量の放射線を出しているので、この星を回る惑星に生命が存在する可能性はない。

ウォルスチャンとフレイルの発見に続いて1995年に、ディディエ・ケローとミシェル・マイヨールが、太陽によく似ている「主系列星」〔訳注：原始星の段階を過ぎ、核融合で輝くようになった壮年期の恒星〕の周りを回る惑星を初めて発見した。しかし、この惑星は「ホット・ジュピター」だ——木星に似た巨大ガス惑星だが、主星に非常に近い軌道を回っていて非常に高温になるため、「ロースター（焼き器）」というニックネームでも呼ばれている——よ

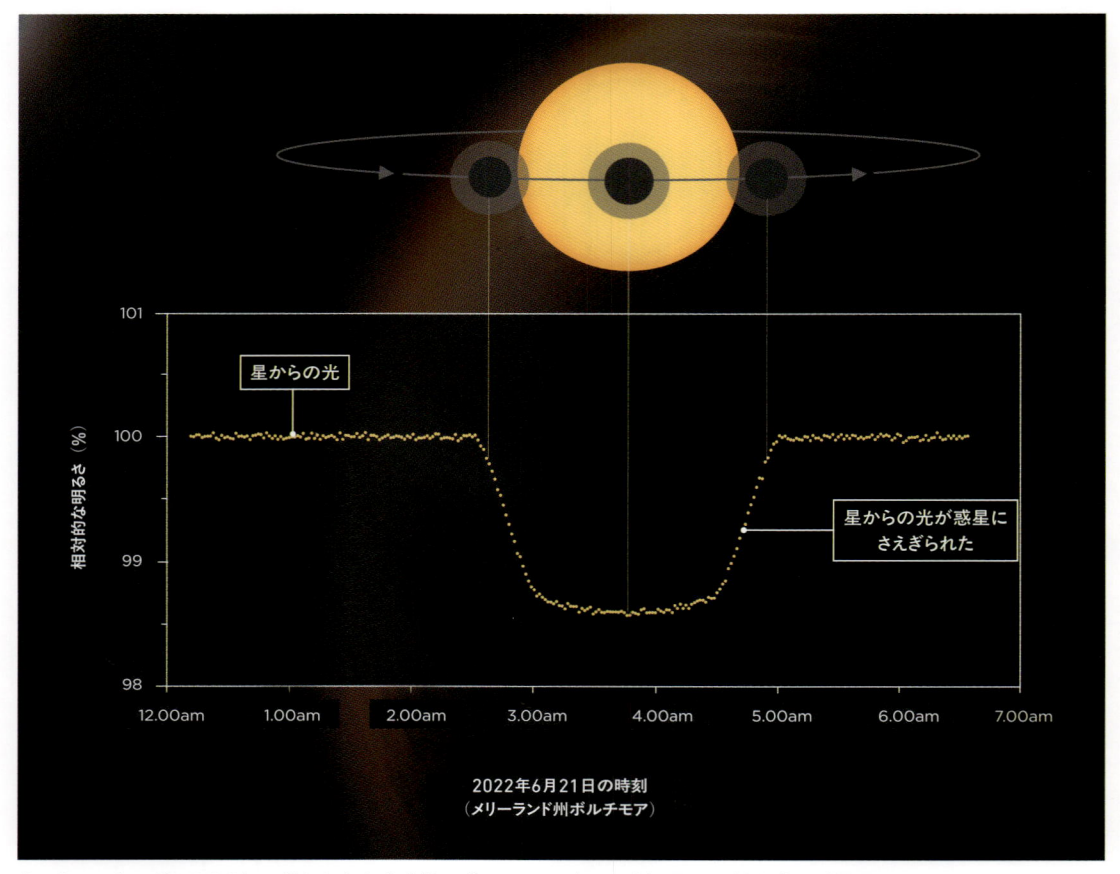

上：ウェッブの「NIRISS」で得られた光度曲線。「WASP-96」という恒星の手前を惑星が通過したことで、この恒星系の明るさが時間とともに変化する様子をとらえている。

って、この惑星にも生命が存在する可能性はない。地球型系外惑星の探索は続いている。

　今日知られている系外惑星のほとんどは、「トランジット法」という方法で発見されている。トランジットとは、望遠鏡で恒星を観測しているときに、その星の手前を惑星が通り過ぎ、恒星から届く光がわずかに減る現象だ。この様子は「光度曲線」として表すことができる。これは望遠鏡がこの星から受ける光の量を時間とともに描いたグラフだ。私たちが注目しているのは、惑星がその星の周りを回る場合に予想される規則的な減光だ。つまり、実際に系外惑星を直接見るわけではなく、惑星の存在を推測することができるのだ。

　次に、こうした光度曲線の形が、別の原因ではなく実際に惑星によって生じていることを確かめる必要がある――例えば、観測している恒星と軌道をともにしている「伴星」や、あるいは小惑星の集団、巨大な塵の雲などが減光の原因かもしれない。これを確認するには、「視線速度法」などの別の手法が用いられる。視線速度法は、周りを公転する惑星の重力で恒星の位置にわずかな「ふらつき」が生じるのを測定する方法だ。この観測結果から惑星の質量を計算できるので、系外惑星によるふらつきか、あるいは（惑星よりずっと重い）伴星、小惑星や塵などによるものかを区別できる。ウォルスチャンとフレイルはこの手法を使って系外惑星を発見した。また、これらの代わりに「マイクロレンズ法」という方法を使うこともできる。これは、恒星の手前を通過する天体の質量によって、恒星からの光がわずかに曲がるという事実を利用するものだ。遠く離れた背景の星からの光は、地球から見て、恒星の真正面を別の惑星系の惑星が横切ると歪められる。この光の歪みを検出することで、系外惑星が存在することを推測できるのだ。これは銀河団によって生じる重力レンズ効果と似ているが、はるかに小さな規模での現象だ。この手法は、主星〔訳注：惑星が公転している恒星。私たちの太陽系でいう太陽に当たる星のこと〕から非常に離れた惑星を検出する場合に特に有効だ。マイクロレンズ法は、いわゆる「浮遊惑星」を検出するのにも使える。浮遊惑星は非常に風変わりな惑星で、ほとんどの惑星が恒星の重力を受けてその周りを回る軌道に束縛されているのに対して、浮遊惑星は恒星の周りを公転せず、宇宙空間を自由に漂っている。

　系外惑星を発見することで、さらなる研究への豊かな道が開かれる。研究者たちは系外惑星の物理的な特徴や化学組成を理解したいと思っている。これらの情報から、系外惑星がどのように作られて進化するのか、より多くのことが分かるだろう。これまでに発見された惑星の大半は非常に大きなもの――木星や土星のような巨大ガス惑星、あるいは天王星・海王星のような巨大氷惑星だった。その理由は、こうした大型惑星が最も見つけやすいからだ。だが、究極の目標は、地球のようなもっと小さな岩石惑星、特に主星のハビタブルゾーンにある惑星の特徴を明らかにすることだ。いいかえれば、惑星の表面で液体の水が存在できるような、ちょうどよい距離を保って公転している惑星である。液体の水は生命を維持するために必要な重要な要素なのだ。私たちは、この目標にどれくらい近づい

ているだろう？

新たな地平を切り拓く

地球型惑星を見つけ、そこに地球外生命が存在する可能性を探るというのは非常に魅力的で、系外惑星の検出能力を向上させる研究がたくさんおこなわれてきた。1992年の最初の惑星検出以来、たくさんのわくわくするような「史上初」があった。1999年には、デヴィッド・シャルボノーとグレッグ・ヘンリーという二人の科学者が、ペガスス座の方向で地球から約157光年の距離にある「HD 209458」という恒星の手前を通過する「トランジット系外惑星」を初めて報告した。同じ年、サンフランシスコ州立大学とハーバード・スミソニアン天体物理学センターの二つの研究チームが、複数の惑星が公転している恒星系を初めて報告した。この恒星系は「アンドロメダ座 υ 星」系で、やはりペガスス座にある。続いて2001年には、ジュネーブ大学の研究者がチリのラ・シーヤ天文台で得られた観測データを解析し、主星のハビタブルゾーンを公転する惑星を初めて発見した。ただ、残念なことにこの惑星は木星の約6倍もの大きさを持つ超巨大惑星で、岩石質ではなく、生命が住める惑星でもないと考えられている。同じ年、デヴィッド・シャルボノー

とティモシー・ブラウンがハッブル宇宙望遠鏡（HST）の分光計を使い、「HD 209458」という恒星を回る系外惑星がトランジットを起こした際に惑星の大気を初めて測定した。この惑星「HD 209458 b」は木星と似た巨大ガス惑星だ。主星のすぐ近く——わずか700万kmしか離れていない軌道を公転している。その結果として、惑星大気に含まれる水素が巨大な噴流となって蒸発しているようだ。

これらのブレイクスルーによって、トランジット分光法を使って地球型系外惑星の大気を調べ、地球外生命の痕跡を探す道が開かれた。それだけではない——「CoRoT（対流・自転・惑星トランジット衛星）」、「MOST（恒星微小変光・振動衛星）」、「TESS（トランジット系外惑星サーベイ衛星）」、「Kepler（これは頭字語ではなく、天文学者のヨハネス・ケプラーにちなむ）」といった宇宙ミッションがこの20年間に打ち上げられ、系外惑星の発見や観測がおこなわれている。観測された惑星の中には、驚くほど地球に似たものもある。

2014年、ケプラーミッションによって「Kepler 186 f」と現在呼ばれている惑星が発見された——これは地球サイズ（地球より10%だけ大きい）で岩石惑星の可能性がある初めての惑星で、地球から500光年の距離にある小さな恒星のハビタブルゾーンを公転している。さらに興味深いことに、2015年にはケプラーミッションで「地球の大きないとこ」というべき惑星「Kepler 452 b」が見つかった。このニックネームがついたのは、この惑星の大きさが地球の1.6倍で、公転周期も地球によく似た385日であり、太陽に似た恒星

左：系外惑星「HD 209458 b」の想像図。この惑星は主星に非常に近い軌道を公転していて、大気（青色で描かれている）が剥ぎ取られつつある。

次ページ：系外惑星「Kepler 186 f」と、離れたところにある主星を描いた想像図。

を回っているためだ。この惑星が岩石質かどうかは分かっておらず、それを確かめるには惑星の質量と密度を測定して、組成を調べる必要がある。しかし、もしこの惑星が岩石惑星であれば、表面に液体の水が存在する可能性がある。もし地球と似た条件の系外惑星が一つでも見つかれば、宇宙全体ではそのような惑星がさらにたくさん存在する可能性が出てくる。

　最近では、みずがめ座の方向で地球からわずか40光年の距離にある「TRAPPIST-1」という近傍の恒星を調べている科学者チームが、地球に似た7個の小型の岩石惑星からなる惑星系をこの星で発見した。この恒星は赤色矮星だ——太陽より小さく、はるかにゆっくりと燃焼するために、より低温で赤く、寿命がずっと長い。この星は1999年に最初に発見され、当時はもともと「2ミクロン全天サーベイ（2MASS）」という観測で見つかった恒星だったので「2MASS J23062928-0502285」という名前がつけられた。幸いなことに、2016年にチリの「トランジット惑星・微惑星小型望遠鏡（TRAPPIST）」によってこの星に惑星が3個発見されたために、この

上：「TRAPPIST-1」惑星系の想像図。国際天文学連合の慣習では、主星には英字「A」をつけ、その周りの惑星には発見順に小文字の英字を「b」からつける。「TRAPPIST-1 b」は主星「TRAPPIST-1」の周りで発見された最初の惑星という意味になる（この惑星はたまたま、軌道も主星に最も近い）。続けて、2番目に発見された惑星が「TRAPPIST-1 c」、…となる。

望遠鏡にちなんで現在の名前に改名された。その後2017年までに、さらに4個の惑星が見つかった。少なくともこれらの惑星のいくつかはハビタブルゾーンにあると考えられていて、天文学者たちの大きな関心の的となっている。

　系外惑星の研究者にとって、赤色矮星はある意味で一長一短のある存在だ。赤色矮星は宇宙で最もたくさん存在する恒星である——私たちの天の川銀河にある星の約75％は赤色矮星だ——赤色矮星には岩石惑星が存在する可能性がかなり高く、小型で低温の星なので周りを回る惑星を調べるのが容易だ。しかし、赤色矮星はまさに比較的小型で低温だからこそ、惑星の表面で水が液体の状態でいられるだけの熱を得るには、主星に近い軌道を

上：系外惑星「GJ 1214 b」の想像図。

公転する必要がある。さらに、この種の恒星は若い時代には非常に活動的で、きわめて強い放射線のフレアを発生させるのが普通だ。そのため、あまり主星に近い惑星だと、強力な放射線によってあらゆる物質が表面から剥ぎ取られてしまい、大気が形づくられない。

　2016年の最初の発表以来、世界中の科学者がTRAPPIST-1系の系外惑星についてより多くのことを解明しようと先を争ってきた。これらの惑星は大気を持つのか？　水は存在するのか？　地球外生命が存在できそうな可能性はあるか？　現在、ウェッブはTRAPPIST-1の惑星をかつてないほどの詳しさで調査し始めている。その任務は、水蒸気や生命体にかかわる分子が惑星を取り巻く大気に存在するという証拠を探すことだ。その第一歩として、2023年3月、ウェッブは惑星「TRAPPIST-1 b」が主星の手前をトランジットする際に観測をおこなった。この観測によって、この惑星では主星に向いている側の表面温度が230℃に達することが明らかになった。さらに、この惑星には大気が存在する可能性はほぼないことも分かった。TRAPPIST-1 bは軌道上で「潮汐ロック」〔訳注：潮汐ロック：互いに回り合う2個の天体が、潮汐力の働きによって同じ面を向けたままになること。月が地球に常に同じ面を向けているのも潮汐ロックの一例〕されている。つまり、常に同じ面を主星に向けていて、一方の面は常に昼間、もう一方の面は常に夜なのだ。もし大気があれば、主星に面している熱い側とその反対の冷たい側の間で熱が分配されて、温度差がならされるはずだ。ウェッブの観測で、そのようなことは起こっていないことが分かり、この惑星では生命は維持で

きないことがほぼ確認された。一部の科学者はこのことを予測していたが、別の計算モデルでは、TRAPPIST-1 bには非常に濃い大気が存在するかもしれないと示唆されていた——これまではどちらが正しいのか、単純に分からなかった。そもそも、この惑星が生命に適しているという証拠があるとはあまり思われていなかった。なぜなら、この惑星の軌道は主星に非常に近く、その距離は太陽-水星間の40分の1しかないので、強力な放射線を受けて表面の生命体が根絶されているだろうからだ。

ウェッブがおこなったTRAPPIST-1 bの観測で本当に重要な点は、遠く離れた、小型で低温で、岩石質の可能性がある惑星から放射されるきわめて弱い中間赤外線をとらえる能力があることを、初めて証明したことだ。これほどの感度を持つ望遠鏡はこれまで存在しなかった。ウェッブを使えば、こうした興味深い惑星について私たちがおこなった最良の推測を、確かめたり否定したりすることが可能になる。この惑星系の他の惑星は、主星からより遠く離れた軌道を公転しているので、放射線フレアの影響は少ないだろう——もし、これらの惑星の中に、生命に関係する分子を含む大気が存在すると分かれば、ウェッブはそれを発見できる。そんな画期的な能力を持つことをウェッブは示している。

ミニ海王星

地球からわずか50光年の距離にある恒星を回る系外惑星「GJ 1214 b」は、ウェッブの赤外線観測のもう一つの対象だ。この惑星は主星の周りを38時間で公転していて、主星からの距離は太陽-地球間の70分の1しかない。この惑星が注目される理由は、いろいろな点で太陽系の海王星に似ているが、海王星よりは小さい「ミニ海王星」だという点にある。ミニ海王星は天の川銀河の中で最もよく見られる惑星だが、私たちの太陽系にはこのタイプの惑星は存在しないので、その性質はほとんど分かっていない。JWSTが打ち上げられる以前は、ミニ海王星が厚い大気に覆われていることは分かっていたものの、その大気層を透過して惑星の組成や性質についてさらに知ることは単純に無理だった。今では、MIRIの分光計がミニ海王星の謎の一部を解くのに使われている。公転運動の全周にわたって観測をおこない、大気の熱分布図を作るという、ミニ海王星では初めての観測だ。この観測で明らかになったのは、GJ 1214 bは高温（279〜165℃）だが、主星との近さを考えると、予想したほど熱くはないということだ。大気中の非常に濃い「もや」が主星の紫外線（UV）放射を異常なくらいよく反射するために、低い温度に保たれているようだ。地球大気でのオゾンと同じように、惑星の上層大気の成分がこの紫外線と反応している可能性がある。MIRIの観測では、この惑星で熱がどのように分配されているかも明らかになった。TRAPPIST-1 bと同じく、この惑星も潮汐ロックの状態になっていて、ある面が常に主星の方を向いていて高温になる一方、反対側は永久に夜で非常に冷たい。MIRIで得られた熱分布図から、大気層の中で生じる風が熱い大気を惑星の裏側へと運び、そこで大きく冷やされていると推測でき

る。こうした大きな温度変化は、大気中に水素やヘリウムのような軽い分子ではなく、水やメタンのような比較的重い分子が高い割合で含まれている場合にしか起こらない──GJ 1214 b は非常に水に富んだ惑星かもしれず、液体の水が存在するには熱すぎるが、大量の水蒸気が大気に含まれているのかもしれない。より詳しいことを知るにはさらなる観測が必要だが、ウェッブはこのような、たくさん存在するがほとんど理解されていない惑星のカテゴリーをより深く知るための扉を開いたのだ。

系外惑星を実際に見ることはできる?

　1992 年の初検出以来、系外惑星についての理解がここまで大きく進んだのは驚くべきことだ。2022 年初めまでに 5000 個の系外惑星が確認され、その数はさらに増えつつある。しかし、それにもかかわらず、系外惑星は依然として謎に包まれている。視線速度法、トランジット、重力レンズ効果などの間接的な手法によって、系外惑星が存在し、どこにあるのかということは確実に分かるし、地球型惑星を特定して研究するという目標にも着実に近づいている。

　だが、まだやるべきことはたくさんある

──系外惑星を適切に理解するためには、直接観測して撮影できることも必要だ。これは、さまざまな理由から非常に難しく、現時点で私たちが系外惑星について理解していることの多くは計算モデルから得られている。この計算モデルも、太陽系の惑星のデータに基づく部分が多く、たくさんの仮定が含まれている。ただしそうであっても、天文学者たちが可能性の限界に挑む上での妨げにはなっていない。

ウェッブ以前に見ていたもの

　系外惑星の直接撮影は常に困難だ。なぜなら、系外惑星は地球から遠く離れていて、主星は惑星よりもずっと大きく明るいからだ。しかも、主星自体は可視光線を大量に放射するのに対して、惑星のような低温の天体が出す光の大半は赤外線の領域にある。だが、特に目標の惑星が非常に大きくて主星から遠く離れており、しかも使用する望遠鏡が非常に大型で赤外線で観測可能であれば、直接撮影も不可能ではない。実際、ウェッブの打ち上げ以前から、系外惑星の直接撮影を目指す研究が地上と宇宙の望遠鏡によって、すでに数多くおこなわれてきた。2004 年には、チリ・欧州南天天文台のゲール・ショーヴァンを中心とする科学者チームが、VLT──直径 8.2 m という巨大な主鏡を持ち、文字どおり

「赤外線はいくつかの面で重要です。
一つは、惑星から放射される光のピークが赤外線の波長にあるということです。
ですから、他の恒星の周りにある惑星を研究したい場合には、
赤外線が最適な波長帯なのです」
──**マルシア・リーケ教授**（NIRCam 主任研究者、アリゾナ大学）

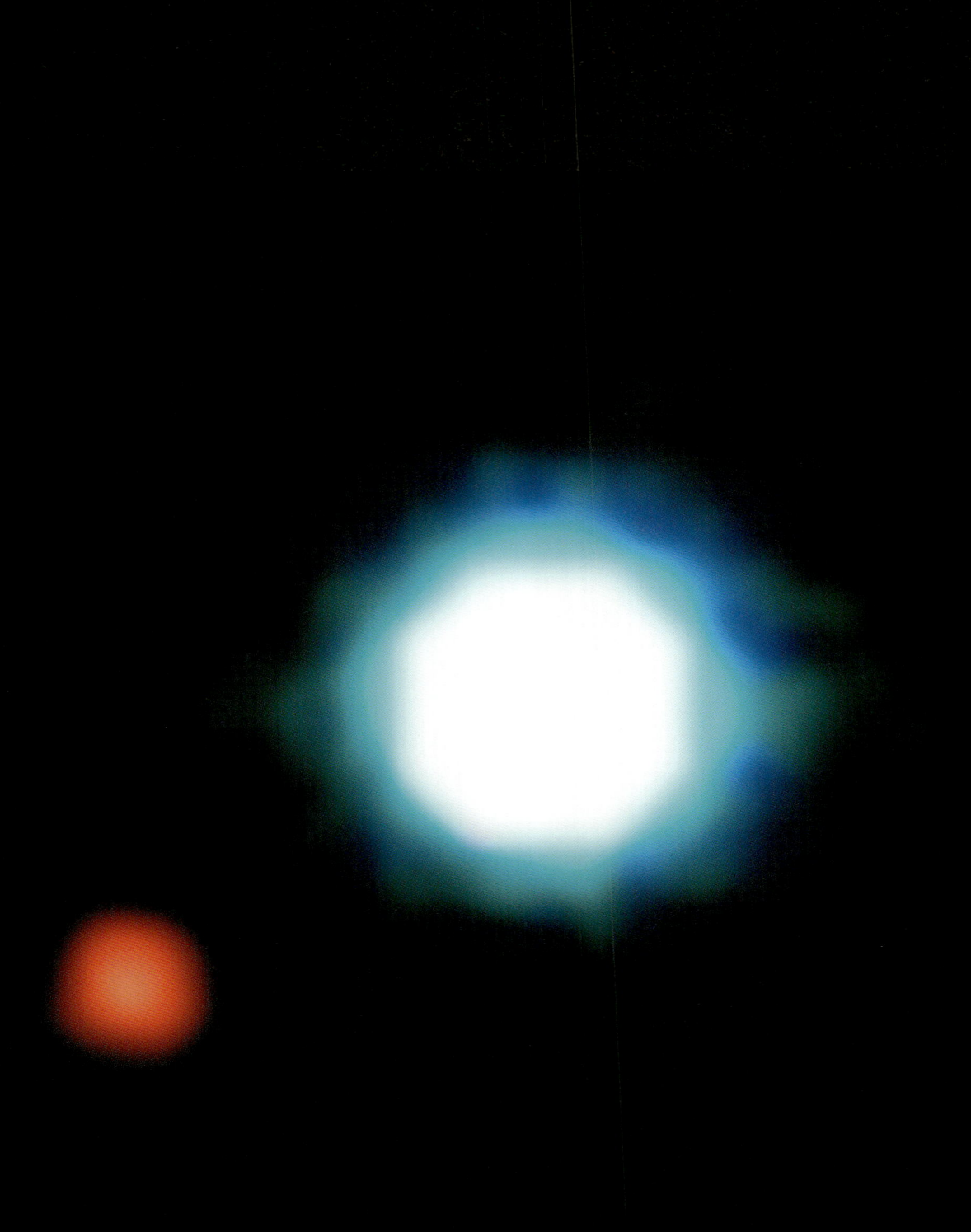

上：系外惑星「2M1207 b」（左の小さな赤い天体）が褐色矮星の周りを回る様子を
　　とらえた合成画像。 VLTで撮影。

「超大型望遠鏡」と名付けられている望遠鏡——を使って、系外惑星の直接画像を史上初めて撮影した（前ページを参照）。「2M1207 b」と呼ばれるこの惑星は、うみへび座の方向約170光年の距離にあり、「褐色矮星」の周りを回っている。褐色矮星は中心の核融合炉で反応を維持できないほど小さい、「なりそこないの」恒星である。この系外惑星は非常に大きく、木星の4倍の大きさを持ち、主星からの距離は太陽-地球間の55倍にもなるために、容易に観察できる。

　この惑星が観測されて以来、天文学者たちは系外惑星を発見して直接撮影する試みを続けてきた。その究極の目標は生命をはぐくむことができる地球型惑星を見つけることだ。しかし、VLTのように地上で建設できる最大級の主鏡をもってしても、画像の解像度には限界があり、惑星を詳しく見ることはできていない。地上望遠鏡は地球大気が放射する背景の赤外線に邪魔されてしまうのだ。その一方で、宇宙望遠鏡の主鏡は、巨大な鏡を宇宙に打ち上げるのが非常に難しいため、常に地上望遠鏡よりもずっと小型だった。そのため、私たちは系外惑星の興味深い姿を垣間見ることはできているものの、こうした惑星を適切に観察し、可能な限りの知識を得られるようになるまでには、まだ長い道のりが待っている。

ウェッブによる系外惑星の 最初の画像

　現在はウェッブによって、私たちは非常に大型で安定した鏡を宇宙に持っている。これ

は地球から遠く離れた位置にあって、地球の赤外線から遮蔽されており、赤外線検出器を使って非常に暗い遠方の天体を、かつてない精度で検出できる。これによって、これまで以上に詳細に系外惑星を直接研究できるという、心躍るような新しい可能性が開かれた。研究者たちは、163ページの「HIP 65426 b」を皮切りに、すでに知られている系外惑星をウェッブで観測し始めている。この惑星も巨大ガス惑星で、地球から385光年離れたケンタウルス座の方向にある。この惑星は主星から遠く離れた軌道——太陽-地球間の約100倍も遠い軌道を公転している。そのため、岩石質ではなく、生命に適した環境でもないが、ウェッブの強力な「眼」は、地上望遠鏡では不可能なより長い赤外線の波長で観測することで、VLTでさえ背景の地球大気の発光に埋もれて検出できないような、この系外矮星の新たな姿を詳しく明らかにしている。

　系外惑星を直接観測するためには、惑星からの光を検出不可能にしてしまう主星の強い輝きをさえぎらなければならない。これは、空に手を伸ばして太陽の手前にかざし、太陽の最も明るい光をさえぎって他のものを見えるようにするのと同じ考え方だ。ウェッブの観測装置は高度な「恒星コロナグラフ」を使ってこれを実現している——こうした装置はもともと、太陽の外層大気であるコロナを研究するために開発されたものだが、のちに系外惑星の探索にも利用されるようになった。コロナグラフは主星から直接くる光を隠して、近くにいる惑星からのずっと暗い反射光を観察できるようにする。ウェッブに搭載されている最新鋭のコロナグラフは、この望遠

162

鏡が系外惑星を撮影する能力を実現する、もう一つの重要な要素となっている。

この惑星はNIRCamとMIRIを使って撮影された。4種類の異なるフィルターを通して、異なる波長の赤外線で撮影され、それぞれ紫・青・オレンジ・赤で表現されている。NIRCamとMIRIの画像は、それぞれの装置が光を集める方法が違うため、違った見た目で写っている──NIRCamの画像に写っている帯状の光は望遠鏡の光学設計のせいで現れた人工的な像で、本物の天体の姿ではないが、その性質はよく分かっているので、科学的なデータ解析の際には補正して消すことができる。それぞれの画像に描かれている白い★印が、ウェッブのコロナグラフで隠されている主星HIP 65426の位置を表している。

惑星が存在することを推測するだけではなく、直接詳細に撮影できるという能力は、非常に重要なものだ──これができれば、惑星の大きさや質量、主星からの距離などをより正確に測定できる。これらはすべて、太陽系外で惑星がどのように形成され進化するのかという問題をより深く理解するのに役立つ。HIP 65426 bの明るさは主星の10000分の1ほどしかないことを考えると、とらえた細部のレベルは特に印象的だ。この惑星をウェッブでこれほど詳細に撮影できたという事実は、ウェッブのすぐれた能力を自ら証明しており、天文学者を興奮させている。このことから、さらに難しい観測対象──より小型で岩石質の地球型惑星を将来研究できるレベルの鮮明さに達していることがうかがえる。ウェッブはこうした遠方の惑星について、その物理的性質、化学組成、形成過程、そして生命をはぐくむ可能性、といった情報を、かつてないほど多くもたらしてくれる可能性を示している。

惑星はどのように形成され、何からできている？

天文学者にとってのもう一つの重要な疑問は、恒星はどのようにして系外惑星を形成するのか、という問いだ。これに答えるため、ウェッブはけんびきょう座の方向約32光年の距離にある「けんびきょう座AU」という別の赤色矮星を取り巻く塵とデブリ〔訳注：岩石や氷の小さな破片。塵が集まって惑星へと成長していく過程で、微惑星同士の衝突などでできる〕の円盤を撮影してきた。けんびきょう座AUのような小さく暗い赤色矮星は、宇宙に打ち上げられた非常に大きな望遠鏡でない限り、詳細を観測す

「この画像を得るのは、宇宙の財宝を発掘するような気分でした。
最初は主星からの光しか見えませんでしたが、注意深く画像処理をおこなうことで、
その光を取り除いて惑星を見つけ出すことができました。
一番興奮するのは、これはまだ始まりにすぎないということです。
系外惑星の物理や化学、形成過程についての全体的な理解を形づくっていくであろう、
さらに多くの系外惑星の画像がこれから出てくるはずです。
未知の惑星すら発見できるかもしれません」
──アーリン・カーター（カリフォルニア大学サンタクルーズ校）

るのは難しいが、現在研究者たちはウェッブの能力を使ってこのような星を調べ、その周囲でどのように惑星ができるのか、理解を深めることに熱心だ。赤色矮星は天の川銀河の中で間違いなく最も一般的なタイプの恒星で、宇宙全体でも非常にありふれた星だと考えられるため、もし私たちが生命に適した地球型惑星を最終的に発見するとすれば、それは赤色矮星の周りを回る惑星である可能性が高い。実際、このような赤色矮星は、望遠鏡の鏡や驚くほど高感度の光学系を大量の光であふれさせてしまうほど明るくないからこ

そ、ウェッブでの調査には理想的だ。けんびきょう座AUは特に、年齢が若くて地球から十分に近いため、恒星系全体を詳しく調べることができ、特別な興味の対象になっている。さらに、この星のデブリ円盤は直径が90億kmに達し、ウェッブ（と地球）に対して真横を向いているので、そこで起こっていることを比較的さえぎられずに観察できる。

　これまでにも、ハッブルや他の地上望遠鏡を使って、けんびきょう座AUを取り巻く塵の円盤を観察し、何が起きているかを直接観測する試みがおこなわれてきた。しかし、こ

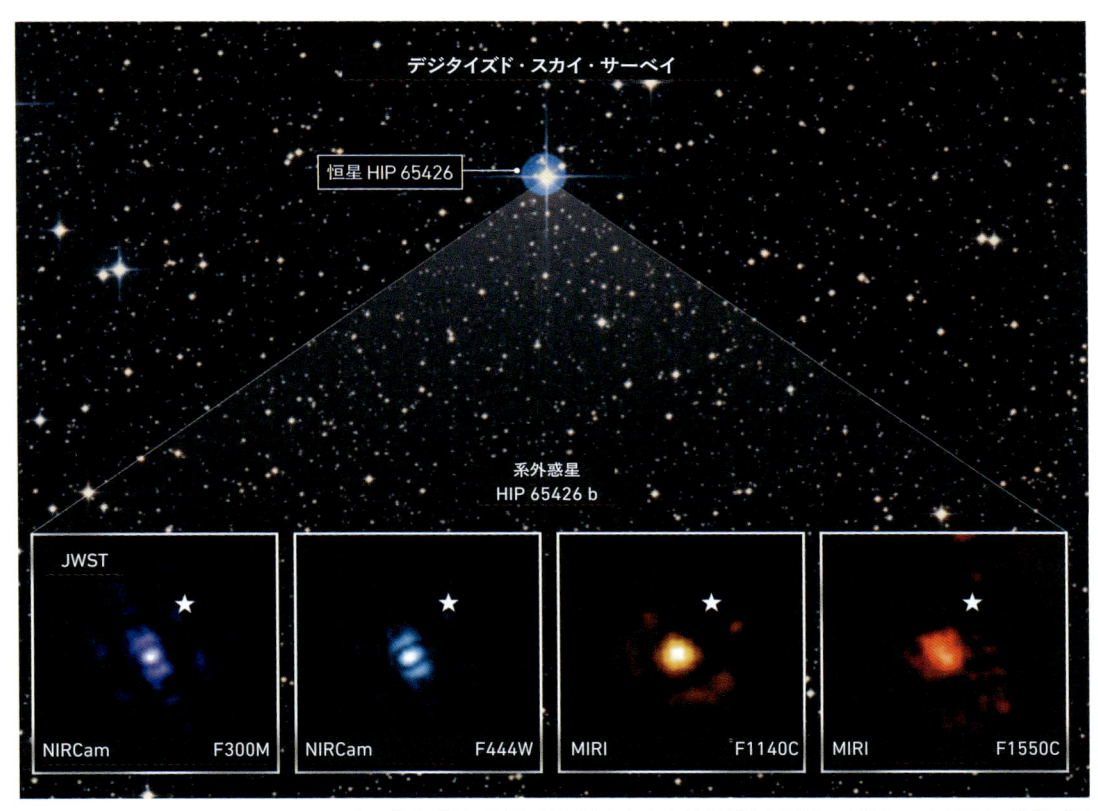

上：系外惑星「HIP 65426 b」を直接撮影した画像。NIRCamとMIRIで撮影〔訳注：背景の画像は地上望遠鏡で撮影された全天画像「デジタイズド・スカイ・サーベイ」の写野。JWSTの各画像の右下の文字は撮影に使われたフィルターの種類を表す〕

れらの観測で得られた成果は限られていた。なぜなら、こうした観測の多くは可視光線でおこなわれ、可視光線は円盤の濃い塵の雲を見通すことができないからだ。これまでに、塵が集積して新たな惑星ができつつあることは分かっており、トランジット分光によって、少なくとも2個（おそらくそれ以上）の系外惑星、あるいは少なくとも物質が濃く集まった大きな塊がけんびきょう座AUの周りを回っていることは証明できている。また、円盤の中を速い速度で波のように動いている奇妙な物質の塊もあるが、これらは惑星のようには見えない。私たちはこれらを、非常に濃い塵の雲が、円盤との未知の相互作用によって加速されているのだと考えている。

現在、ウェッブのNIRCamがこの円盤の内部をかつてないほど詳細に観察できている（164〜165ページを参照）。HIP 65426 bの画像と同じく、けんびきょう座AUの位置は中心の白い★印で表されている。コロナグラフが星から直接届く光を隠している部分が破線の円で描かれている。ウェッブは異なるフィルターを使ってこの画像を撮影した。青色の画像は波長3.6μm、赤色の画像は波長4.4μ

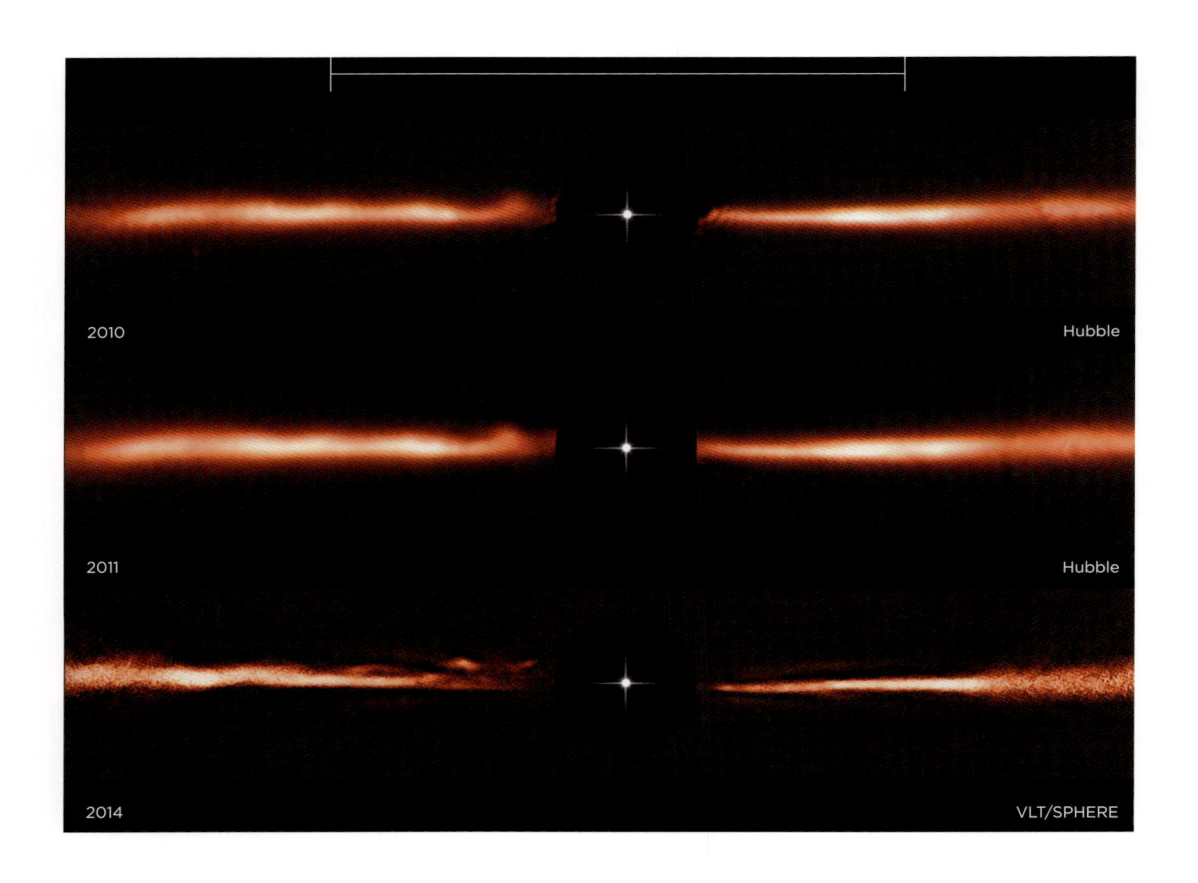

2010   Hubble

2011   Hubble

2014   VLT/SPHERE

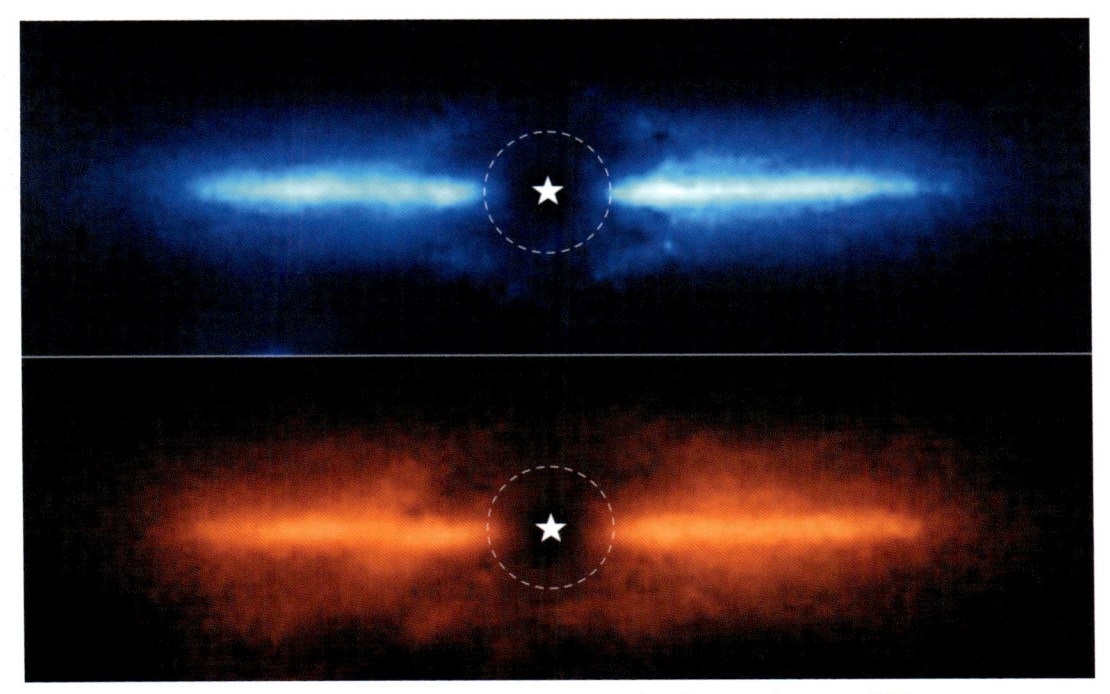

前ページ：けんびきょう座AUの周囲のデブリ円盤。ハッブルとVLTで撮影。
上：ウェッブが撮影したけんびきょう座AUの周囲のデブリ円盤。惑星が形成されつつある。

mで撮影したものだ。興味深いことに、青色の画像の方が円盤が明るく見える。これは、塵のほとんどが非常に細かい粒子で、より短い、青い波長の光をよく反射することを示している。

　実のところ、これらの画像は予想以上に細部まで明るく写っている。また、予想していたよりもはるかに主星に近いところまで——太陽 - 木星間と同じくらい近い場所まで——細部を追跡することができる。これらの結果はウェッブのすぐれた観測能力を示すもう一つの実例だ。今後の解析によって、この円盤が何でできているのか、どのように惑星系が進化したのか、奇妙な波のような特徴を引き起こしているのが何なのか、さらなる手がかりが得られるだろう。次の目標は、この小さく若い恒星の周りを広い軌道で回っている大きな惑星を探すことだ——これは間接的な検出手法では難しいことが分かっている。

系外惑星が何からできているのか、どうやって分かる？

　最初の系外惑星の検出以来、私たちは大きな進歩と遂げてきた。今では私たちは、間接的に系外惑星を探索し、その大気や表面を分析するさまざまな技術を持っている。系外星の直接観測さえも可能になってきた。これ

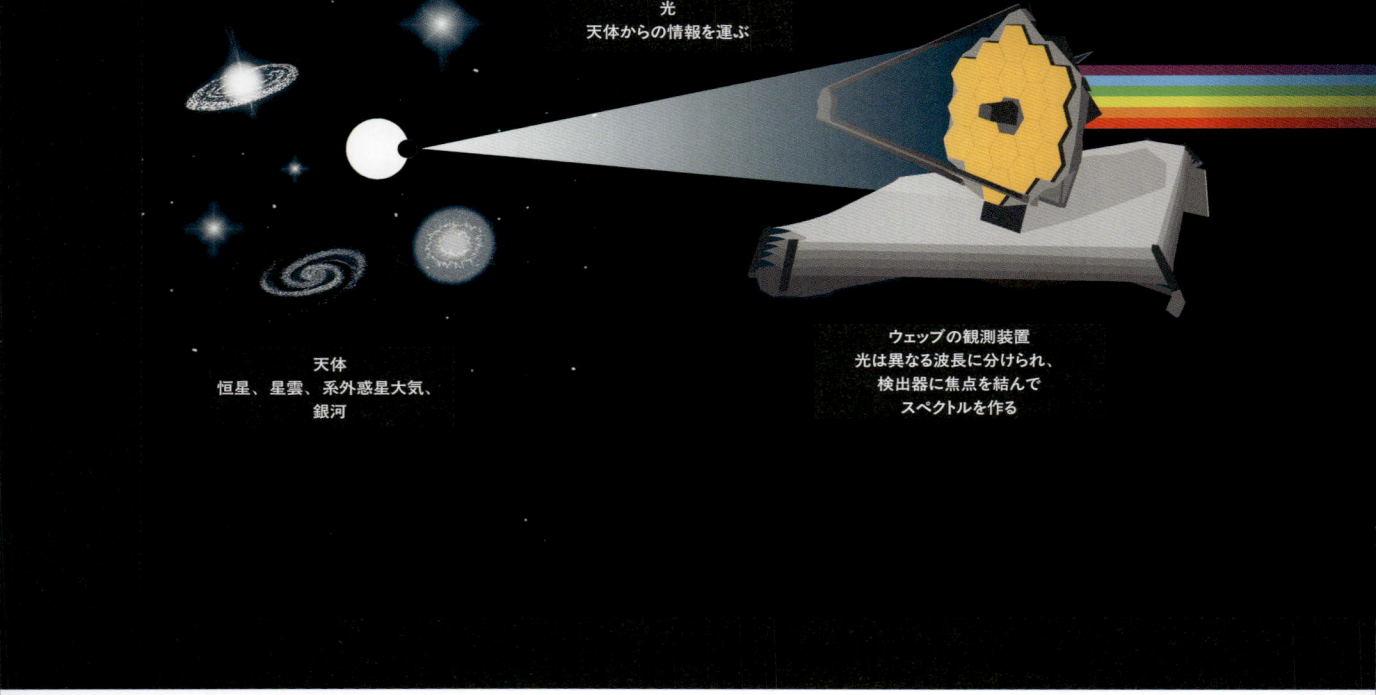

によって、系外惑星が何からできているのか、どのように形成、進化し、主星とどう相互作用するのかについて理解し始めることができる。これらの成果は、私たちの地球や太陽系がどのようにして現在の姿になったのかについても多くのことを教えてくれるはずだ。しかし、最終目標——地球外生命が存在できる適切な条件を備えた地球型惑星を見つけて研究すること——はまだ、手の届かないところにある。

　実際には、ウェッブで得られた最も興味深い発見のいくつかは、カメラで宇宙を撮影した画像からもたらされたものではない。ウェッブは素晴らしい細部をとらえた驚くべき画像を撮ることに加えて、分光法を使って系外惑星の大気に含まれるさまざまな成分を分析することもできる。これはつまり、系外惑星にある水を探すことができ、それが地球外生命を探す第一歩となるということだ。なぜなら、私たちが理解している生命は惑星表面に液体の水がある場所にしか存在しないからだ。ウェッブの分光計は、地球上で生命体の存在と密接にかかわる他の分子——二酸化炭素や酸素、メタンなどのいわゆる「バイオマ

分光法は天文学者が宇宙の天体の物理的性質をよりよく理解するために使う道具だ。望遠鏡はすでに知られている系外惑星に向けられ、惑星が主星の手前を横切るのを待つ。惑星がトランジットを起こすと、主星の光が惑星大気を通り抜け、大気中に存在するさまざまな分子によってフィルタリングされる。一部の光は完全に吸収されるが、一部は望遠鏡まで届く。ウェッブの観測装置の中には分光計があり、これは光を虹のような異なる色／波長からなるスペクトルに分散させて、異なる波長の光の量を測定することができる。私たちは肉眼では可視光線しか見えないが、もしさまざまな波長の赤外線を見ることができれば、それらも違った色として見えるはずだ。光の波長ごとの吸収と透過のパターン、すなわち「透過スペクトル」が、グラフ上に一連の線として現れる――これは見たことのない宇宙をとらえた目を見張るような画像ではないが、それと同じくらい興奮させられるものだ。吸収と透過の特定のパターンが、系外惑星の大気に何が存在するのか、バイオシグネチャーは存在するかどうかを正確に示す。私たちがお互いを固有の指紋で識別できるように、異なる化学分子は光の吸収・透過の特定のパターンによって区別できる。

スペクトルの調査
科学者たちはスペクトルを調べ、
光源に何の原子や分子が存在するかを解析する。
スペクトルからは温度、密度、
天体の運動なども分かる

ーカー」があるかどうかについても、系外惑星の大気を調べることができる。

　系外惑星の大気の組成を調べるために、ウェッブの高感度の観測装置は、光が水と同じように波として伝わるという事実を利用している。波の2つのピークの間の距離が光の波長となり、波長の違いによって光の性質は大きく変わる。可視光線のスペクトルでは、波長の違いは私たちの目に見える色の違いに関係している。最も波長の長い光は赤色に、最も波長の短い光は紫色に見える。地球上では、太陽光が大気を通過するときに、空気中の分子がさまざまな波長の光を異なる方法で吸収し、光をフィルタリングする。光がフィルタリングされるしくみは、どんな種類の分子を通り抜けるかによって異なる。同じことが、系外惑星の大気を通り抜ける光にも起こるのだ。

　分光法は、物質による光の透過や吸収を測定する科学だ。異なる原子や分子は異なる波長の光を吸収する。これは、惑星の大気を通過する光が波長ごとに異なる強さのパターンを作り出し、それぞれが異なる化学成分に対応するということだ。

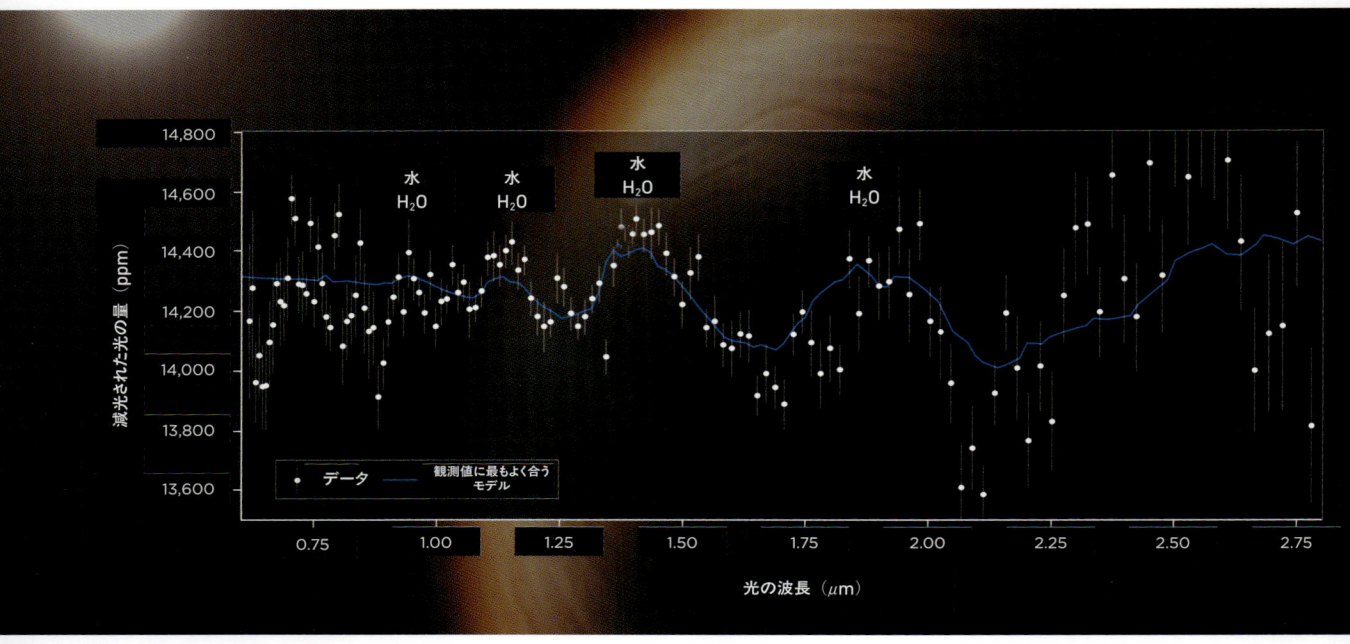

上：ウェッブのNIRISSによる1回の観測で得られた透過スペクトル。
　　高温の巨大ガス惑星「WASP-96 b」の大気成分を明らかにして
　　いる。グラフの青色の線は観測値に最もよく合うモデル。

ウェッブで得られるスペクトルデータは、生命の存在に適した惑星や地球外生命の証拠を探している研究者たちが熱心に待ち望んでいるものだ——観測開始の1年目には、観測時間の約25%が系外惑星の大気科学に割り当てられた。他の宇宙望遠鏡でも分光をおこなうことはできるが、今やウェッブの巨大な鏡と超高精度の分光装置によって、これまでよりもはるかに詳しく、太陽系外の惑星大気の測定が可能になった。スペクトルに見られる一つひとつの特徴は異なる分子や原子を表すので、分光測定によって惑星大気の組成や温度、圧力について知ることができる——スペクトル線の幅が温度に関係しており、細い線ほど低温であることを、太い線ほど高温で

あることを示すのだ。

運用が始まった最初の数か月で、ウェッブのNIRISSは分光観測を使い、ほうおう座の方向1000光年の距離にある「WASP-96 b」という系外惑星の大気から水を検出した。この系外惑星の名前は、私たちの太陽に似た「WASP-96」という恒星の周りを回っていることに由来する。WASP-96 bが観測対象に選ばれたのは、比較的観測が容易で、直径が大きく公転周期が非常に短い、つまり、公転周期がより長い惑星系よりも頻繁にトランジットが起こるために、ウェッブの分光能力をテストするのに適していたからだ。また、近くに光の混入を起こすような別の天体もほとんどない。

では、ウェッブは WASP-96 b で何を見つけたのだろう？　ウェッブ望遠鏡はこの惑星の非常に高温の大気に雲が存在する証拠を見つけた。過去の観測では雲が存在する兆候は見られなかったため、科学者たちは雲があるとは思っていなかった。さらに、ウェッブは水蒸気が存在する明確な証拠を発見した。これは、地球の雲と同じように、この惑星の雲にも水蒸気が含まれていることを示すものだ。これは NIRISS 装置で得られた成果で、系外惑星の大気を通過する異なる波長の赤外線の量の変化を示す透過スペクトルを得たことができる。

このデータによって、大気の組成を知ることができる。

これは他の天体で水が検出された初めての例ではない。ハッブルが 2013 年初めに、系外惑星の大気で水蒸気を検出・測定している。WASP-96 b 自体は、生命が存在する可能性はあまりないと考えられている。この惑星は温度が 500℃以上にもなる高温の巨大ガス惑星で、主星の周りを 3.4 日周期という猛スピードで公転している。これは太陽と水星の距離の 9 分の 1 しかない。しかしそれでも、WASP-96 b の観測によって、ウェッブが非常に遠く離れた系外惑星からの光に含まれる、バイオシグナチャー〔訳注：生命の存在を示す分子などの指標。バイオマーカーと同じ意味〕を含む

わめてわずかな化学物質の痕跡さえ、詳細に検出できる能力があることを決定的に示したからだ。

わくわくするのは、水の存在が特定された精度だ。2022 年に NIRISS によって得られた透過スペクトルは、これまでのどの観測よりも詳細で、他の望遠鏡で観測できる範囲よりもさらに広い波長域をカバーしている。この波長域には、水、酸素、メタン、二酸化炭素に特にかかわる長い波長の赤外線も含まれていて、これらはすべて重要なバイオマーカーだ。実のところ、WASP-96 b の大気には水がある一方で、酸素やメタン、二酸化炭素は含まれていない。だがこの研究結果から、これらの分子が他の系外惑星の大気に存在する場合、ウェッブはそれらを確実に検出できることが疑いの余地なく証明された。

繰り返しになるが、これらの測定が素晴らしい精度と詳細さでおこなえたのは、ウェッブの主鏡の大きさと観測装置のすぐれた精度のおかげによるものだ。ウェッブの分光計は並外れた分解能を持っている。WASP-96 b の解析では、NIRISS はわずかな赤外線の「色」の違いを見分けて、こうした異なる色同士の違いをきわめて微妙な違いも測定できている。ちなみに、人間の目に見える色の赤色は、波長が約 130nm の範囲にわたっている。

「これはいささか非現実的な感じがします
──私たちは何年もこれに取り組んできて、そして今、それがちゃんと機能し、どんな成果をもたらしているのかを目の当たりにしました
──ある種の畏敬の念を感じます」
──マーク・マコーリアン教授（ESA 上級科学探査顧問、JWST 学際科学者）

WASP-96 b のこれらの観測で得られた桁外れに詳細なデータは、この望遠鏡が系外惑星の研究にとって何を提供できるのかを示している。研究者たちは、大型のガス惑星から小さな岩石惑星まで、さまざまな系外惑星の大気を分析するためにウェッブの分光観測を使い続けるだろう。今後数年のうちに、数百光年離れた系外惑星のデータを解析することで、生命の存在に適した惑星を探し、発見するという可能性が期待される。

WASP-96 b が最初に話題となったのに続いて、実際にウェッブは、おとめ座の方向でわずか26光年の距離にある、ほぼ地球サイズの岩石惑星「GJ 486 b」の大気でも水蒸気を検出した。だが、この惑星で水蒸気がどのようにして存在し続けているのかはよく分かっていない。GJ 486 b は主星に非常に近く、その温度は400℃に達するからだ。科学者たちは、この水は主星の「黒点」からきているのかもしれないと考えている。この黒点は太陽で見ることができる暗くて相対的に低温な太陽黒点と同じものだ——意外に思えるかもしれないが、太陽黒点には水蒸気が含まれることが分かっている。あるいは、私たちがまだ単に遭遇したことがないような過程によって、惑星の水が保護されている、または常に補充されている可能性もある。

ウェッブは観測ミッションであり、系外惑星の研究はこの多目的の望遠鏡の探査分野の一部でしかない。しかし、これらの研究は、将来の地球外生命探査に特化したミッションの観測対象を示してくれるかもしれない。研究者たちは、異なるスペクトル線同士の相対的な強さを使って、大気の異なる層の温度を見積もることもできる。これによって、系外惑星についてより詳しい姿を描き出すことができる。これらはすべて、私たちの地球のような惑星——小型で岩石質で、生命をはぐくむのに適している惑星について、より多くのことを教えてくれると期待されており、そのような条件が天の川銀河全体でどの程度一般的なのかを示してくれるだろう。

地球や他の惑星の水はどこからきた？

地球上の水は、私たちが知っているような生命の存在を可能にしているが、この水がどのようにして地球にもたらされたのかはよく分かっていない。時間をさかのぼって直接見ることはできないので、他の恒星の周りで形成されつつある惑星の水分子の起源を追跡することが、ウェッブの任務の一つになる。この観測は、地球上の貴重で豊富な水がもともとどこからきたのかという疑問に答える助けとなるはずだ。これはまた、宇宙の地球以外の場所で、表面に液体の水を持つ、生命に適した惑星がどの程度一般的な存在なのかについ

「一部のスペクトル帯では、ウェッブの感度はこれまで私たちが持っていたどんな観測装置と比べても、最大で3桁（1000倍）も高くなっています。感度がこれほど飛躍的に向上したことは、天文学の歴史や、さらに広く科学の歴史においても、非常にまれなことです」
——ロベルト・マイオリーノ（NASA JWST科学チーム NIRSpec科学者、ケンブリッジ大学）

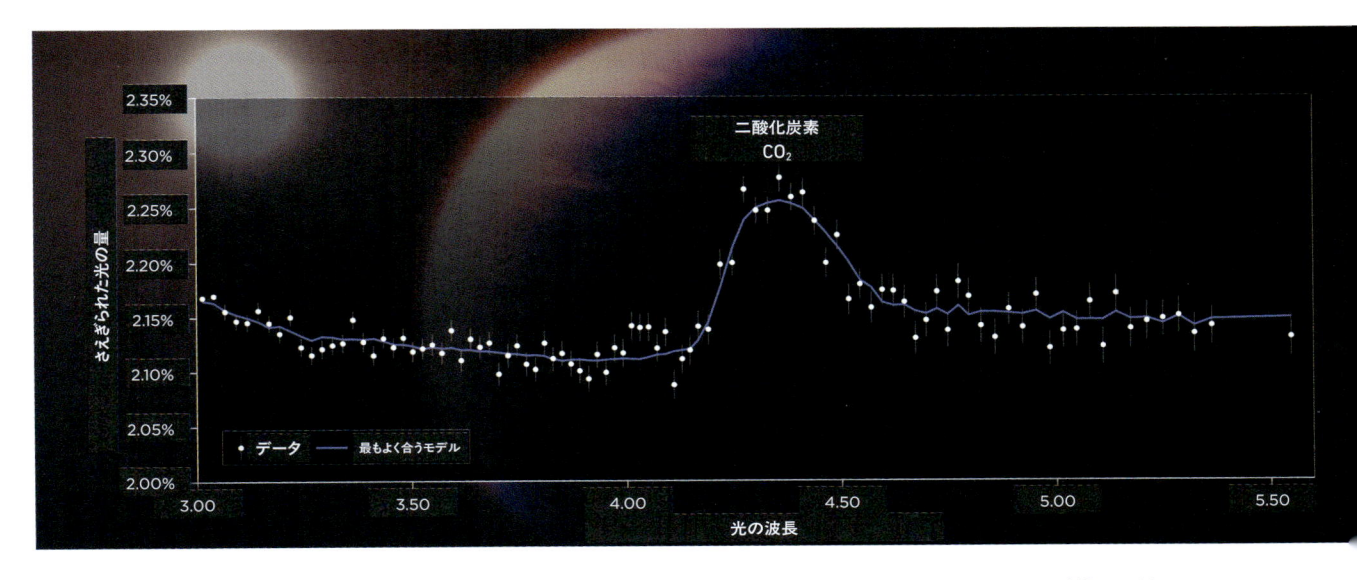

上：ウェッブのNIRSpecで得られたWASP-39 bの透過スペクトル。

いても、さらに教えてくれるだろう。

　水の分子は2個の水素原子と1個の酸素原子からできている。水分子は宇宙空間では、水素と一酸化炭素のような酸素を含む分子との化学反応で作られることが分かっている。この水が星間塵の微粒子の表面を覆い、彗星のようなより大きな天体に集積する。そのため、私たちの太陽系は、40億年以上前に太陽や惑星が誕生した塵の雲に含まれていた、数十億もの水で覆われた塵の粒子から水を得たと考えられる。また、氷に富んだ彗星の衝突からも水を受け取ったのかもしれない。ウェッブは恒星や系外惑星の周囲にある塵の雲、特に、他の惑星系で新たに誕生しつつある惑星を取り巻いている、塵の多い原始惑星系円盤の分光分析をおこなうだろう。ウェッブは水を探し、生命の存在に関するこの根本的な問いについて、さらなる手がかりを与え

ようとするだろう。

ゴルディロックスゾーン

　惑星が主星に近い軌道を公転すると、熱すぎて表面に液体の水が存在できなくなり、代わりに水蒸気の状態になることが分かっている。実際、主星に非常に近い軌道を公転している場合には、惑星から水蒸気がすべてはぎとられてしまう。私たちの太陽系でもその証拠が見られる——水星は太陽に最も近い惑星で、本当の大気を持っていない。対照的に、主星から遠く離れて公転する惑星は寒すぎて、天王星や海王星の場合のように、水は凝固して氷になる。したがって、表面に液体の水が存在するためには、惑星は主星のハビタブルゾーン（通称「ゴルディロックスゾーン」とも言う〔訳注：英国の童話「ゴルディロックスと三匹の熊」に登場する少女。留守中の熊の家に少女が忍び込み、熱すぎ

左：NASAのケプラー宇宙望遠鏡でこれまでに発見された惑星の一部を描いた想像図。

ず冷たすぎないおかゆ、大きすぎず小さすぎない椅子など、自分にちょうどよいものを見つけていく〕）——表面で液体の水が存在できるような、主星からちょうどよい距離になければならない。幸いなことに、地球は太陽のゴルディロックスゾーンにしっかりと位置していて、地球の表面の約70％は液体の水に覆われている。そのおかげで人類や地球上のすべての生命が存在できるのだ。だがこのことは、そもそも地球がどのようにしてこれほど多くの貴重な水を最初に手に入れたのかを説明するものではない。研究者たちは今後も、この問いにより確実に答えるために、ウェッブの精密なデータを使い続けるだろう。

他のバイオマーカー

　ウェッブのもう一つの功績は、太陽系外の惑星の大気で二酸化炭素——別のバイオマーカーになりうる物質——の存在を初めて確認したことだ。WASP-39 b は地球から700光年の距離にある高温の巨大ガス惑星で、主星のすぐそば——太陽 - 水星間の距離の約8分の1——を4日周期で公転している。この惑星は2011年にトランジット法で検出されたが、今回ようやく、NIRSpecの比類のない能力によって、二酸化炭素にかかわる特定の赤外線領域でわずかな明るさの変化を検出し、この惑星の大気に二酸化炭素が存在することを確認できた。系外惑星の大気でこうした分子を同定できるようになると、惑星の組成、形成、進化の全体像を明らかにできるようになる。例えば、WASP-39 b のような惑星が形成されたときの固体物質とガスの割合を求め

るのにも役に立つ。

系外惑星と太陽系の惑星は
どのくらい似ている？

　さらに一歩進んで、ある研究チームはウェッブを使い、古代ガリアの戦いの神にちなんで「スメルトリオス」と名付けられた系外惑星（カタログ名「HD 149026 b」）の大気を研究してきた。この名が付けられたのは、2014年に国際天文学連合が「NameExoWorlds」という系外惑星の命名キャンペーンを始めたことによる。この企画では一般市民から、この惑星を含む特定の惑星について、新たな名前を推薦・投票するよう募集がおこなわれた。これはおそらく、こうした新惑星の数が急速に増えたせいで、これまでの数字による名前がやや使いづらくなってきたせいかもしれない！

　スメルトリオスは太陽に似た恒星の周りを回る「ホットジュピター」〔訳注：質量が木星に近い巨大ガス惑星だが、主星に非常に近い軌道を回っていて表面温度が高温になっているもの〕で、太陽系の惑星と比較することができる。太陽系の巨大惑星はすべて、大気の組成と惑星の質量の間に非常に強い相関関係がある。宇宙では水素とヘリウムが最も多い元素で、この２つは最も軽い元素でもある。それ以外の元素はすべて「重元素」に分類される。太陽系では、惑星の質量が大きいほど、そこに含まれる重元素の比率は小さくなる。この相関関係はほぼ完璧だ――つまり、ある惑星の質量が与えられれば、その惑星に含まれる水素とヘリウムに対する炭素・酸素などの重い分子の比率を正

確に予測できるのだ。この比率を「金属量」と呼んでいる（こうした重元素の多くは実際には金属ではないが）。だが興味深いことに、スメルトリオスでは、この質量の惑星での最良・最新の金属量モデルから予想されるよりもはるかに炭素と酸素が多いことが、ウェッブによって発見されている。これは、これまでに得られたデータに基づいて予想した傾向には単純に当てはまらない。

　金属量については、系外惑星は予想以上に多様である可能性が高いことは分かっていたが、ウェッブはスメルトリオスの例を通じて、太陽系外の惑星が大気組成に関して、地球の周辺環境での研究から予想したよりもはるかに大きな多様性を持つかもしれないことを示しつつある。系外惑星の大気組成にどのくらいのばらつきがありうるのかは、スメルトリオスの分析を始めるまで分からなかった。天文学者たちは、この調査の範囲を広げて、さまざまな系外惑星を観察し、私たちの太陽系が実際に独特なのか、それとも同じような条件が宇宙の他の場所でも再現されている可能性があるのかを理解しようとするだろう。

　もう一つの重要な測定対象は、惑星大気での酸素に対する炭素の比率だ。この値は太陽系では標準的に0.55だが、スメルトリオスでは約0.84だ。地球上の生命体は炭素を基礎としているので、炭素の存在量が多いということは、生命が存在する確率が高いと考えたくなるかもしれない。しかし、「炭素-酸素比」が高いということは、実際にはその惑星に水が少ないことを意味するので、これは生命の発達のさまたげになる。

ウェッブによるスメルトリオスの測定によって、宇宙の他の場所にある惑星の大気組成を調べるという研究分野が新たに開かれ、系外惑星の大気は予想以上に複雑で多様であることが示されている。確実な定量的パターンを見いだして、これらの傾向が何によって生じているのかを理解し、私たちの太陽系がどのくらい特殊なのかを判断するためには、巨大ガス惑星と岩石惑星の両方について、他の系外惑星をさらに多く観測することが必要だ。

注意すべき点

これまで書いてきたように、もし系外惑星の大気に水・二酸化炭素・メタンなどのバイオマーカー分子が含まれていたら、それはその惑星に生命が存在する可能性を示す指標となりうる。しかし、あわてて結論に飛びつくことには十分に慎重でなければならない。明らかに、惑星の表面に液体の水が存在できるためには「ちょうどよい」条件でなければならないし、その条件には惑星と主星の相互作用の仕方や惑星の地球化学も含まれる。しかし、たとえそうした条件を満たしていたとしても、一つまたは複数のバイオマーカー分子を見つけることは、ジグソーパズルの1ピースにすぎない。例えば、ハビタブルゾーンにある岩石惑星の大気でメタンや二酸化炭素が見つかったとすると、それは生命の存在を示すものかもしれない。しかし、メタンや二酸化炭素は、火山の噴火や小惑星の衝突のような、生命体と無関係のプロセスでも作られる可能性がある。だとすると、私たちが見つけるかもしれないものをどう解釈すればよいのだろう？　その答は、大気のすべての成分を含め、惑星の全体を見て、それらの間のバランスを研究することにある。それには長い時間がかかり、さまざまな科学分野の研究者が協力して取り組む必要があるだろう。

ウェッブに観測される系外惑星が増えるほど、それらの惑星は私たちにより多くの驚きをもたらすだろう。そして私たちは、他の惑星に生命が存在する可能性に関して、自分たちが置いた仮定や導いた結論に慎重になる必要があるだろう。確実に言えることは、ウェッブは、バイオマーカーの存在量を測定する上で重要な赤外線の範囲全体にわたって非常にわずかな光量や波長の違いを検出できる能力によって、新たな観測のレベルを引き上げたということだ。私たちはウェッブを使うことで、系外惑星を理解し、そこに存在する生命を探索する上で、きわめて大きな一歩を踏み出しつつある。

「あらゆる巨大惑星はそれぞれが違っていて、
JWSTのおかげでその違いが見え始めています。
（スメルトリオスは）土星と同じ質量ですが、
その大気は水素とヘリウムに対する重元素の量が、
土星に比べて最大で27倍も多いようです」
──ジョナサン・ルナイン教授
（NASA JWST学際科学者、コーネル大学、ニューヨーク）

第 6 章

ブラックホール

ブラックホールはなぜできる？
──その内部で何が起こり、どうやってそれを　　調べるか？

　ジェイムズ・ウェッブ宇宙望遠鏡はこれまでで最も初期の活動的な超大質量ブラックホールを発見した。しかしこのブラックホールは実のところ、「超大質量」の基準から言うとかなり小さく、太陽質量の900万倍ほどだ。ウェッブは初期宇宙をさかのぼって観察する能力を活用して、ビッグバンからわずか5億7000万年後にできた銀河の中心にあるこのブラックホールを検出した。これは130億年以上前の時代だ。私たちは実際にはまだ、ブラックホール自体を直接目にしたことはないが、ウェッブの NIRCam と MIRI が、ブラックホールの周囲で恒星やその他の高温物質が渦を巻いて吸い込まれ、引き裂かれるときに生じる光を分析した。きわめて遠くにある初期のブラックホールの、非常にかすかだが決定的な特徴を検出したのだ。

ブラックホールとは正確には何だろう？

　これを理解するには、恒星がどうやってエネルギーを生み出すのかを改めて見ていく必要がある。恒星は内部で起こる核融合反応によって光と熱を生み出していることが分かっている。非常に重い星はきわめて高い温度と圧力を持つために、鉄やあるいは金のような重い元素まで核融合で作ることができる。だが、この反応が始まると生み出されるエネルギーよりも消費されるエネルギーの方が大きくなる。これは巨星にとっての転換点だ。エネルギーが尽き始め、結末を迎えることは避けられない。星は自分自身を支えられなくなって、突然崩壊する。その結果起こるのが、劇的な超新星爆発──星の死だ。これによって超高密度の中性子星が作られることもあるが、特に大きな恒星の場合、非常に重力が強いため、さらに先へと進んでブラックホールが形成される──莫大な質量が強く圧縮されてほぼ無限小にまで小さ

左：超大質量ブラックホール「ASASSN-14li」の想像図。この名前は、ハワイとチリに設置された自動望遠鏡でこの天体を発見した「全天超新星自動サーベイ（ASAS-SN）」にちなんでつけられた。

く、驚くほど高密度で重い場所が生まれるのだ。

　最も一般的なブラックホールである「恒星質量ブラックホール」は、太陽質量の約20倍までの質量を持つ。私たちの天の川銀河だけで、何百万個もの恒星質量ブラックホールが存在する可能性があり、宇宙の他の場所にもさらに膨大な数の恒星質量ブラックホールがあると考えられている。恒星質量ブラックホールは周囲のガスや塵、恒星、あるいは他のブラックホールを「餌」として成長する。

　そして、通常は太陽質量の数百万倍からときには数十億倍にもなるという「超大質量ブラックホール」がある。これらの「モンスター」ブラックホールは宇宙全体にある大半の銀河の中心にあり、他のすべてのものがその周囲を回っていると考えられている──その一つが私たちの天の川銀河の中心に存在することが知られていて、「いて座A*」〔訳注：「いて座Aスター」と読む。電波天体である「いて座A」の中心核を指す〕と呼ばれている。しかし、銀河がブラックホールを生むのか、ブラックホールが銀河を生むのかはよく分かっていない。

ブラックホールでは何が起きているのか？

　ブラックホールの中心（「特異点」として知られている）で何が起きているのかは実際にはよく分かっていない。そこはきわめて極端な環境なので、その場所で成り立つ物理学が単純に存在しておらず、私たちの時間・空間と

右：ブラックホールの想像図。

いう考え方も同じようには適用できない。ブラックホールの中に入った物体は水平方向に圧縮され、垂直方向に引き伸ばされることが知られていて、この過程は「スパゲティ化」といううまい呼び名で呼ばれている。しかしブラックホールを直接観測することはできない——ブラックホールは恒星や惑星と同じような構造物だが、非常に大きな質量が詰め込まれているために、その重力からは何も逃げ出すことはできない。光さえもだ。

　ブラックホールの中心を覗き込むことはできないが、近くの天体に及ぼす重力の影響を観察することで、その存在を確実に検出し、その大きさを求めることはできる。ブラックホールは近くの星や塵の雲を吸い込んで引き裂き、「餌」として取り込む。その過程で莫大なエネルギーを生み出す。

　ブラックホールの特異点の周りには「事象の地平面」という境界面が存在する。これは一度越えたら二度と戻れない点だ。物体が事象の地平面に達すると、ブラックホールの重力が非常に強くなり、どんなものも、光でさえもそこからは逃れられない。事象の地平面を越えて捕まり、永遠に消える前に、ブラックホールに引き寄せられた物質は「降着円盤」という領域の中を周回し、物質の大半は中心に向かって落ちてゆく。その過程で重力によって圧縮され、物質を形づくる粒子同士がこすれ合う摩擦で数百万度という超高温に加熱される。その結果、さまざまな波長で大量のエネルギーを放射する。このきわめて明るい中心領域のことを「活動銀河核」と呼ぶ。ブラックホールの周りを回る星々もある——これらの星は自動的にブラックホールの

中へと消えることはないが、あまり近づきすぎると引き込まれてばらばらにされる。このプロセスはすべて、非常に目に付く現象だ。前ページの図では、中央の黒い領域がブラックホールの事象の地平面の範囲を表していて、ここからは光が逃げ出すことができない。その外側には超高温に加熱された塵とガスの降着円盤がある。活動的なブラックホールの場合、ここで大量の物質が内側へと落ち込み、ものすごい速度で渦を巻いて明るく輝く（この図では白・黄・赤で描かれている）。これは複数の波長で莫大なエネルギーが放出されているのだ。

相対論的ジェット

　物質が非常に急速に降着している活動的なブラックホールでは、降着領域にある物質の一部は高エネルギー粒子の強力な灼熱のジェットとなって、強い電波とX線の放射とともに宇宙空間に放出されることがある。これはブラックホール周辺の重力エネルギーと強い磁場によって引き起こされると考えられている。こうしたジェットは「相対論的ジェット」と呼ばれ、降着領域から時速数百万kmで噴き出し、何百万光年という驚くべき長距離まで到達して、ブラックホール周辺の中心領域を明るく照らし、周りの銀河本体を削っていく。このような天体のよい一例が、「ヘルクレス座A」銀河の中心にあるモンスターブラックホールだ。この天体は地球から20億光年の距離にあり、私たちの天の川銀河に

右：可視光線・X線・電波の波長で撮影された「ヘルクレス座A」。

ある「いて座A*」の数百倍も大きい。

　ヘルクレス座Aを可視光線で撮影すると、典型的なぼんやりとした楕円銀河に見えて、特に注目するような点はない。X線望遠鏡で見ると、活動銀河核の周りに超高温に加熱されたガスの巨大な雲が見える。このガスは、ブラックホールへと大量の物質が急速に落ち込むときの強い摩擦によって数百万度に加熱されている。そして、電波望遠鏡でヘルクレス座Aを撮影すると、活動銀河核からほぼ光速で噴き出す高エネルギー粒子と放射線のジェットが100万光年も伸びているのが見える。実際、この天体は私たちが知る中で最も強い電波を放射する天体の一つだ。

　183ページのヘルクレス座Aの画像は、チャンドラX線天文台、ハッブル宇宙望遠鏡（HST）、米・ニューメキシコ州の超大型電波干渉計群（VLA）など、異なる宇宙望遠鏡と地上望遠鏡を組み合わせて、可視光線・X線・電波の波長で撮影されたものだ。これらの画像は、ブラックホールの動力源となっているプロセスや、ブラックホールが周りの環境と相互作用し、影響を与えるしくみについて、重要な手がかりを与えてくれる。

　天文学者たちは今、ウェッブの高解像度撮影の能力を使って、さらに遠方にある非常に初期の銀河で同じような現象を観察することに熱心に取り組んでいる。この望遠鏡は、活動銀河核からの光と母銀河からの光をこれまで以上に正確に区別できるので、私たちの理解をさらに一歩進めてくれると期待されている。これによって、初期宇宙についてのいくつもの重要な疑問に、より正確に答えられるようになるだろう——例えば、一部のブラックホールが相対論的ジェットを放出するのは正確にはなぜなのか？　ジェットは星形成やその他のプロセスにどう影響を与えるのか？　きわめて初期の銀河の質量とそのブラックホールの質量の間には相関関係があるのか？　ブラックホールは宇宙の歴史の中でなぜこれほど早い時期に現れ、なぜこれほど大きく成長したのか？　そして、ブラックホールは初期宇宙の形成にどんな影響を与えたのか？

　これまでに得られた最良の計算モデルから、初期宇宙にはたくさんのブラックホールが存在したのではないかと考えられていて、私たちはこのことを確かめるため、さらに若い原始ブラックホールを探し続けている。しかし、なぜブラックホールが存在したのか、どうやって早い時代に形成され、それらの一部がどうやってこれほど巨大になったのかは分かっていない。おそらく、高密度のガス雲が大規模な崩壊を起こしたか、あるいは複数の小さなブラックホールの合体でできたのかもしれない。また別の可能性として、いわゆる「種族III」と呼ばれる、現在の私たちが知っている星とはまったく異なる巨大星の残骸から生まれたという考え方もある。種族IIIの星はビッグバンの直後に比較的短い期間だけ存在したと考えられている。この仮説によると、これらの巨大星はほぼ完全に水素とヘリウムだけでできていて、寿命が非常に短く、最終的には爆発してブラックホールを残したとされている。これらのブラックホールはその後、周りの物質を驚くほどの速さで、しかも不安定な速度で大量に吸い込み、巨大な大きさに膨れ上がったというのだ。

　しかし、これらはただの仮説で、正しいか

「すべてが分かるわけではないというのが、天文学の面白いところです」
──ジュディ・シュミット（市民科学者、カリフォルニア州モデスト）

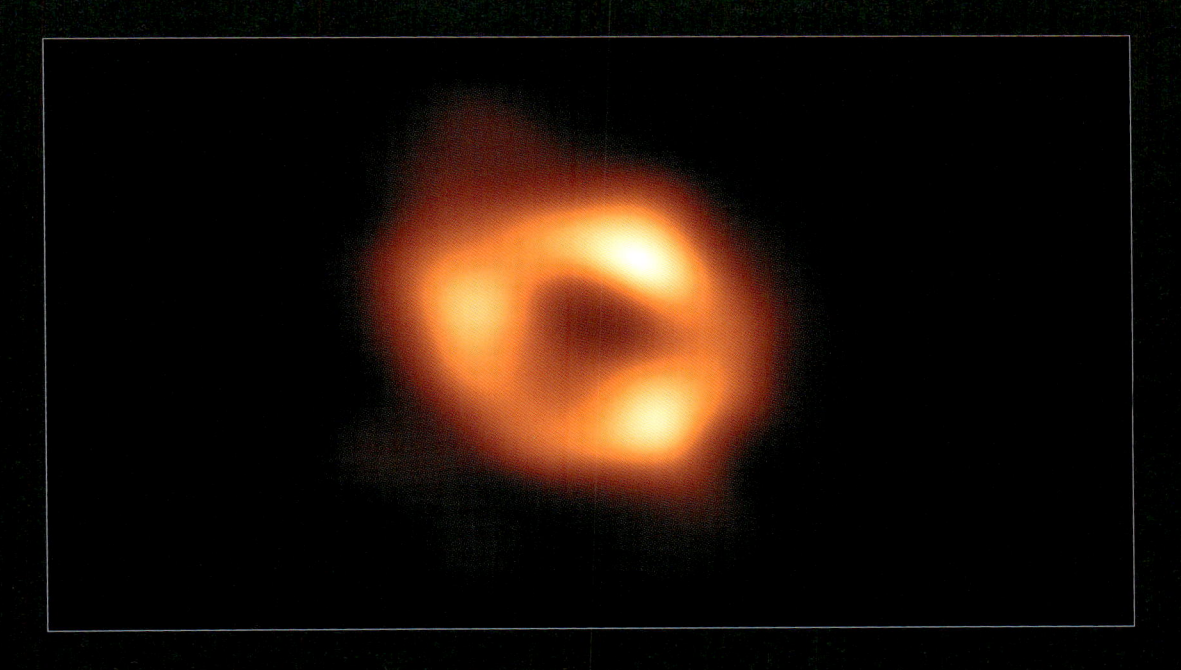

上：ブラックホール「いて座A^*」の外観。周囲を回っている高温の物質から放射される光によって明るく輝いている。これは私たちの天の川銀河の中心にあるブラックホールを取り巻く「影」を初めて直接とらえた画像だ。この画像は「イベントホライズンテレスコープ（EHT）コラボレーション」と一括して呼ばれる、電波望遠鏡の世界規模のネットワークを使って撮影された。

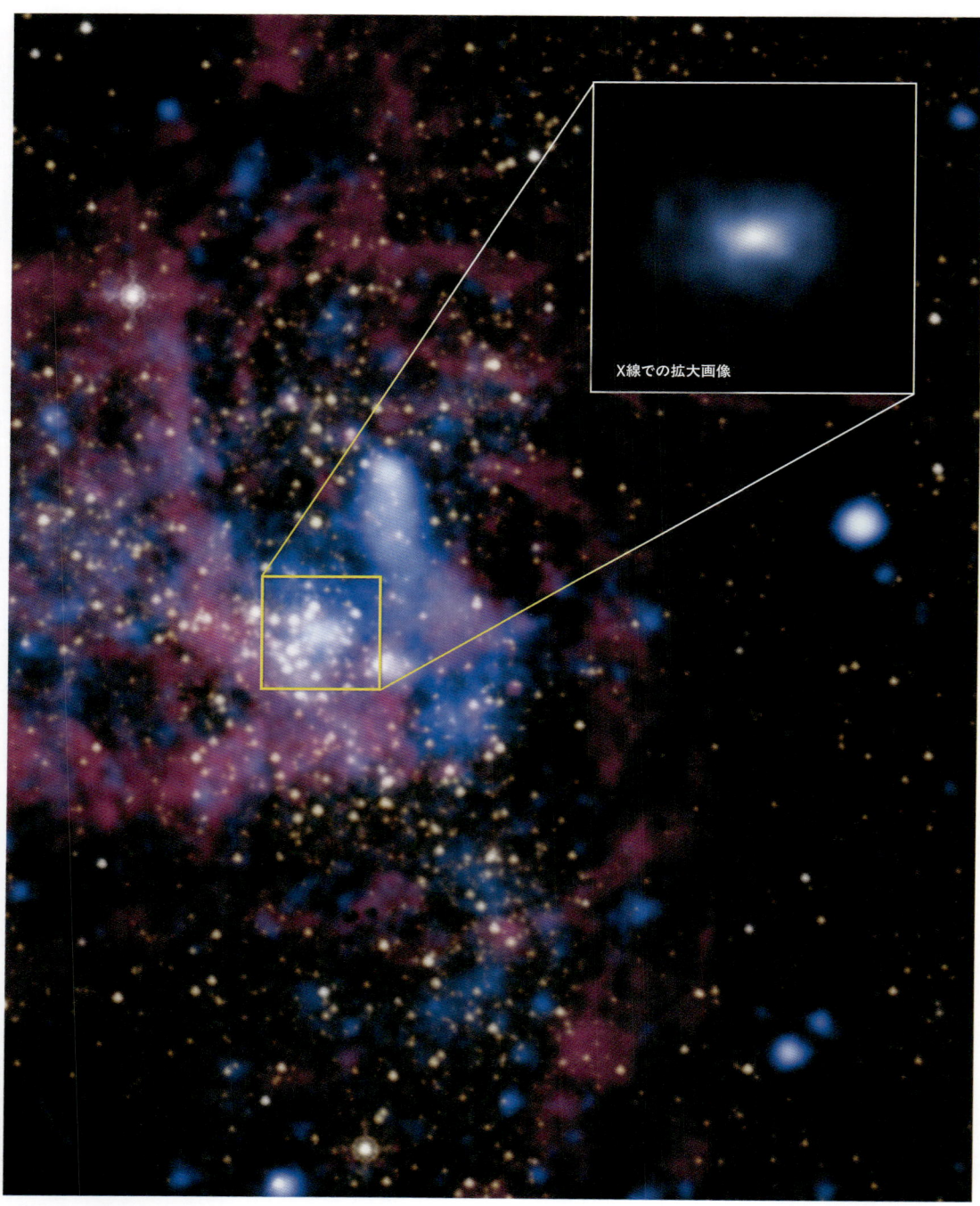

上：天の川銀河の中心にある超大質量ブラックホール「いて座A*」。

X線での拡大画像

どうかを証明することはできない。一方で、すでにウェッブで発見された初期のブラックホールを調べている研究者たちは、MIRIの開発チームと協力して、ブラックホールから出る光の証拠をさらに探している。こうした光はブラックホールの形成過程についてさらなる手がかりを与えてくれる可能性がある。科学者たちはまた、非常に遠くにある他の初期のブラックホールから見える微かな光にウェッブの赤外線の眼を向け、かつてない精度でそれらを観測する予定だ。これらの観測対象について、より具体的な情報をウェッブがもたらしてくれれば、私たちは真実により近づくことができる。

ブラックホールを見つめる

　天文学にとって重要な科学的目標の一つは、ブラックホール自体、あるいは少なくともそのすぐそばの周辺環境を実際に直接見ることだ。ブラックホールの写真を撮ることはできないが、その「影」を撮影することには成功している——光を発しない穴が真ん中にあり、その周りを降着円盤にある超高温の輝く物質がふち取っている姿だ。天文学者は2019年に初めてその撮影に成功した。これには世界各地の8基の電波天文台が使われ、連携して地球サイズの仮想的な望遠鏡を作り出した——これが「イベントホライズンテレスコープ（EHT）コラボレーション」だ。EHTは、「M87*」〔訳注：いて座A*と同じように「M87スター」と読む〕と呼ばれる超大質量ブラックホールの影の撮影に成功した。M87*は太陽の54億倍の質量を持ち、地球から約5500

万光年の距離にある「M87」銀河の中心にある。この成功は、宇宙のどこかにブラックホールが存在するという最初の直接証拠として称賛され、ブラックホールがどのように作用するのかについて貴重な手がかりをもたらすと期待されている。その見かけの姿にちなんで、天文学者たちはこれを「オレンジ・ドーナツ」という愛称で呼んでいる——これほど画期的な画像にしては気取らない名前だ。

　その後、2022年にEHTは再びこの技術を使い、地球から27000光年離れた天の川銀河の中心にある超大質量ブラックホール、いて座A*の影を観測した。科学者たちはこのブラックホールの周りを回る星々の速度を観測し、その結果から、いて座A*が太陽の400万倍の質量を持つと計算している。実は、いて座A*を撮影するのはM87*よりもずっと難しかった——いて座A*はM87*よりも小さく、高温で輝く周りの物質もずっと速い周期で公転しているからだ。EHTはこの「ドーナツ」を電波で撮影したが、これまで科学者たちはX線や赤外線の波長を用いる別の望遠鏡で、いて座A*の周囲を観察してきた。

　前ページのいて座A*の画像は、NASAのチャンドラX線天文台で5週間の期間にわたって撮影したデータ（青）と、ハッブルのデータ（赤と黄）を組み合わせたものだ。拡大図では、中心部の0.5光年四方を拡大したX線画像を見ることができる。

　他のすべてのブラックホールと同じく、いて座A*も、自分のすぐ近くにやってきたものを何でも飲み込み続けてきたが、いて座A*に「食べられる」ほど近い軌道を運動する恒星のほとんどは、すでに飲み込まれてし

まったと考えられている。残りの星々は大半が手の届かない場所にあって、このブラックホールの周りを比較的安定した軌道で回り続けることができる。そのため、天の川銀河の他の部分は、いて座A*の限りない食欲の餌食になる心配はない——今のところは。いて座A*は当分の間は休眠しているが、周囲の星々や塵の雲を不安定にさせて、事象の地平面へと落下させるようなことが何か起これば、すぐに目覚めて活動的になるだろう。

　現在確認されたブラックホールで地球に最も近いものは、実はいて座A*ではない、というのは注目すべきことだ。最も近いのはもっとずっと小さい恒星質量ブラックホールで、これを発見した宇宙天文台「ガイア」にちなんで「Gaia BH1」と名付けられている。Gaia BH1はへびつかい座の方向約1600光年の距離にある——宇宙論的な観点では、これ

はほぼ私たちの「お隣」にあると言ってよいが、とはいってもまだ、心配する必要がないほど十分遠く離れている！　このブラックホールはX線や電波を放射していないので、休眠しているようだ。しかも興味深いことに、Gaia BH1の降着円盤はどの波長でも光を発していないように見える。ただし、近くの星々に与える重力の影響を観測することで、その存在は知ることができる。Gaia BH1は地球に非常に近く、このようなブラックホールにはこれまで出会ったことがないため、科学者たちはこの天体の調査に熱心に取り組んでいる。

ブラックホールは星形成を停止させるか？

　ウェッブは「GS 9209」という名前で知ら

上：ウェッブが撮影した「GS 9209」。2023年5月に『ネイチャー』に発表された。

れる下の画像の銀河を撮影した。この天体はビッグバンから6億〜8億年後に形成されたものだ。この銀河は天の川銀河の10分の1ほどの大ききしかないにもかかわらず、ほぼ同じ数の恒星を持つため、大変興味深い。しかも、これらの星々は非常に急速に作られ、その後は星形成が止まっている。この画像に写っているGS 9209はビッグバンから12億5000万年後の姿で、科学者たちは、この銀河では過去5億年ほど新たな星がまったく生まれていないと見積っている。これは、私たちがこれまでに観測した「休眠」銀河——星形成がまったく見られない銀河——のうち、最も初期の例である。しかし、なぜ星形成は止まったのだろう？　その答は、銀河の中心にあるのかもしれない。そこには、このくらいの数の星を有する銀河にあると予想されるブラックホールより約5倍も大きな、非常に重いブラックホールが見つかっている。私たちが知っているとおり、こうした超大質量ブラックホールは降着領域から大量の高エネルギー粒子や放射線を出し、これらが周辺領域を加熱して物質を外へと押し出す。これは、物質が重力で集まって星が作られるときに起こることとは正反対だ。そのため、この巨大なブラックホールは非常に多くの放射を生み出し、大量の物質を加熱して銀河の外へと押し出すことで、実質的にそれ以上の星形成を止めてしまった可能性がある。

重力波とLISA

　ブラックホールを検出できるもう一つのタイミングは、ブラックホール同士が合体するときだ。銀河同士が衝突する場合と同じように、その結果は壊滅的なものになることがある。ブラックホール同士や、中性子星のような他の重い天体同士が衝突すると、重力波——時空のさざ波——を生み出し、宇宙を光速で駆け抜ける。この波は微小なものだが、私たちは地上に（そして近い将来には宇宙にも）置かれたきわめて高感度の装置で、これを検出・測定することができる。そしてその測定結果を使って、このような大規模で破局的な現象について知ることができる。ウェッブを重力波の測定に使うことはない。それはウェッブの役目ではないからだ。では、どうやって測定するのだろう？

　2030年代半ばに、ヨーロッパ宇宙機関（ESA）は宇宙を完全に新たな方法で観測する——光の代わりに重力波を使う——画期的なミッションを打ち上げる予定だ。1916年に、アインシュタインは彼の「一般相対性理論」で、重力波の存在を予言した。それから1世紀後、科学者たちは地上の「レーザー干渉計重力波天文台（LIGO）」という観測装置を使い、史上初めて実際に重力波を検出したことを発表した。

　重力波は宇宙で最も破局的で激しい爆発を伴う現象によって引き起こされる。そのために、重力波はブラックホールの研究や、2個のブラックホールが衝突したり、ブラックホールが中性子星のような別の重い天体と合体するときに何が起こるのかを調べるのに利用されるだろう——LIGOが検出した事象は、13億年前に2個のブラックホールが光速の約半分の速さで互いに衝突して引き起こされたものだ。これまでに得られた測定結果に基

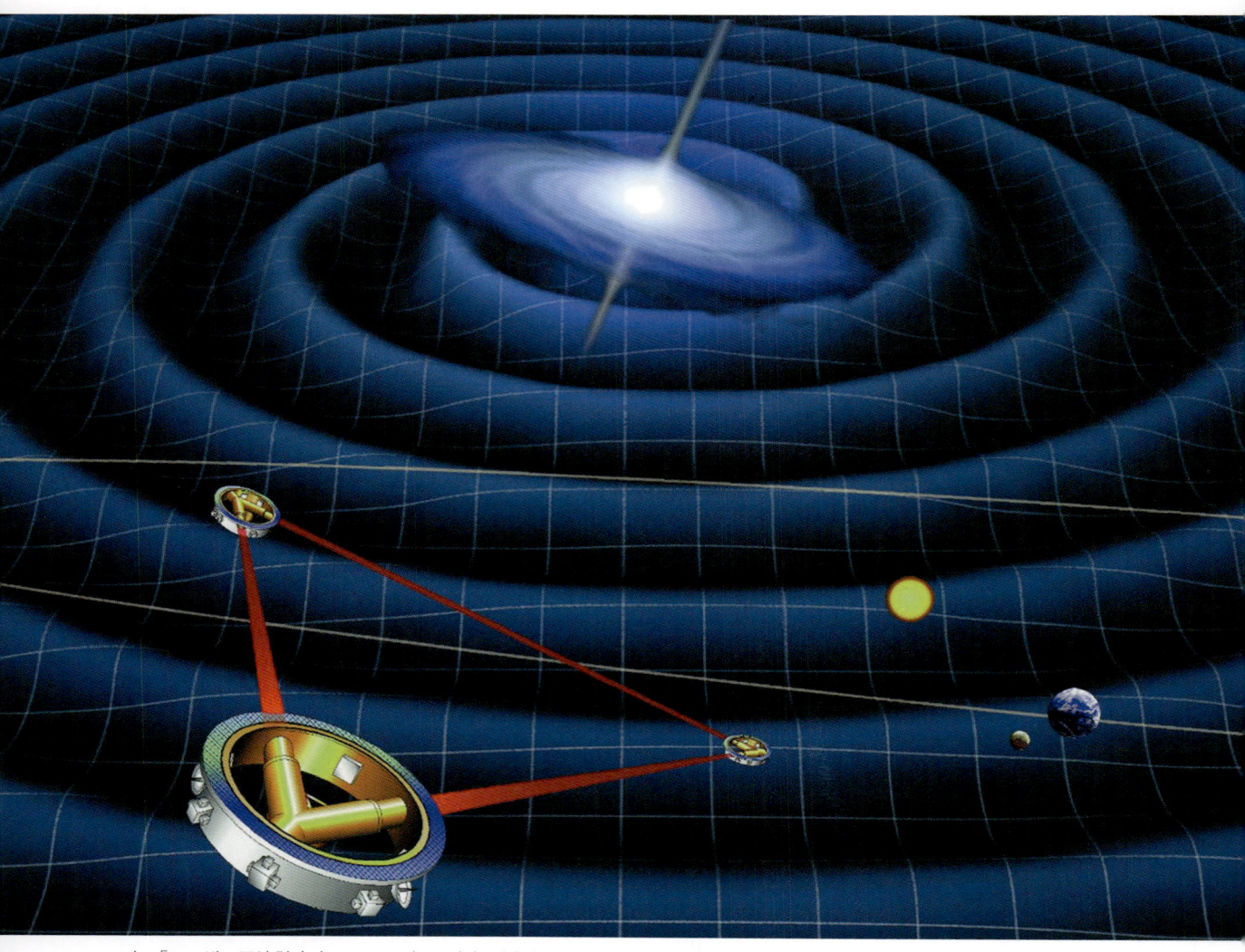

上：「レーザー干渉計宇宙アンテナ（LISA）」が宇宙空間で重力波を測定する様子を描いた想像図。

づくと、こうした現象は宇宙全体でかなり頻繁に起こっていて、このような衝突は周りの構造に大きな影響を与えると考えられる。アインシュタインが正しかったと確認できたことは、非常に驚くべきことだ——重力波を生み出す現象はこれほど大規模なスケールで起こるにもかかわらず、重力波自体は非常に微小で、アインシュタイン自身すら、実際に存在するか疑わしいと考えたほどだ。そのため重力波を検出する装置は信じられないほど高感度でなければならない。

重力波は天文学者や基礎物理学者にとって非常に重要なものだが、LIGOのような地上施設はサイズや感度の面で限界があり、周波数の高い重力波しか検出できない。そこで登場するのが、「レーザー干渉計宇宙アンテナ

（LISA）」だ。これは史上初の宇宙空間に置かれる重力波天文台で、最も巨大な宇宙論的現象に特徴的な、低周波の重力波さえも検出できるよう、特別に設計されている。

　LISA は 3 機の宇宙機からなり、三角形の隊形を組んで飛行する。三角形の各辺は長さが数百万 km で、3 機ともレーザー光線で結ばれている。一辺が長いほど、LISA でより幅広い周波数の重力波を検出する能力が向上し、その範囲には特に科学者たちが調べたいと思っている、たくさんの重力波源にかかわる低周波も含まれる。LISA の考え方は、重力波が通過すると、時空の「織物」自体がごくわずかに縮められたり伸ばされたりして、宇宙機同士の相対位置がずれる、というものだ。このわずかなずれを、レーザーを使ってずばぬけた精度で検出することで、重力波が通過したことが分かる。

　こうしたわずかな重力波を検出するために、LISA の測定システムがどれほど驚くべき高感度でなければならないかという例をあげると、LISA で測定する距離の変化は原子の大きさよりも小さいのだ！　これらの要件を満たす装置を開発できる段階にまで到達するには、たくさんの献身と創意工夫が必要だった。しかし、これはそれだけの価値があることだ。LISA はウェッブと同じようなもう一つの革新的な宇宙天文台となり、宇宙へのまったく新しい窓を開いて、これまで見たことのないものを観測可能にするからだ。

　重力波を検出する能力は、天文観測の新たな時代の到来を告げるものだ。なぜなら、どんな形の電磁波（可視光線、赤外線、紫外線、X線、ガンマ線、マイクロ波、電波）を使っても従来の天文台では見るのが不可能なものを研究できるようにするからだ。重力波を使えば、超大質量ブラックホールの合体やコンパクト連星系、極端に質量比の大きな連星天体のインスパイラル——小さい方の天体が超大質量天体の周りを回る現象——のような、ほとんど理解されていない現象を観測できるようになる。科学者たちは、史上初の宇宙重力波天文台である ESA の LISA ミッションによって、きわめて初期の宇宙の研究が可能になることを期待している。この時代の宇宙は光に対して完全に不透明だったことが分かっていて、私たちが知らなかった構造が重力波によって実際に見えるかもしれない。これはまさに将来の画期的なミッションとなり、ウェッブのような宇宙望遠鏡を補って、それらの望遠鏡から学んだことを基に築かれるはずだ。

　重力波には、それを生み出した巨大な天体（ブラックホールや中性子星のような興味深い天体）の運動について、たくさんの暗号化された情報が含まれている。そのため、重力波をもっと使って宇宙を観測すればするほど、宇宙のしくみをより深く理解できるようになるだろう。さらに、重力は光よりもずっと前から存在していることが分かっているので、重力波を使うことでこれまで以上に宇宙の歴史をさかのぼって観察し、ブラックホールの起源を追跡することが可能なはずだ。ゆくゆくは、ウェッブがすでに見つけたものよりもさらに若いブラックホールについて、これまで見たことのない詳細を LISA が明らかにするかもしれない。

第7章

将来のミッション

さらなる一歩を踏み出して
──見えない宇宙の将来的な探査

ジェイムズ・ウェッブ宇宙望遠鏡で得られた、かつて見たことのない美しい画像の数々が公開されたのに続いて、科学者たちはウェッブと他の宇宙望遠鏡や地上望遠鏡を組み合わせて、さらに深い洞察を得ようとしている。例えば、前ページの画像の一部は前の章にも載っているものだが、ここではウェッブのデータを、NASAのチャンドラX線天文台とESAのXMM-Newton（どちらもX線ミッション）、ハッブル宇宙望遠鏡と地上の欧州南天天文台（ESO、どちらも可視光線を使う望遠鏡）、そして退役したNASAのスピッツァー宇宙望遠鏡（赤外線）のデータと組み合わせている。

これらの画像や他の全般的な画像からのデータを組み合わせることで、それぞれのデータを個別に分析するよりも互いに補いあえるようになり、学ぶべき情報を多く引き出せる。同じ対象を複数の望遠鏡で観測するという考え方は新しいものではないが、組み合わせたデータから最大限の情報を引き出す技術は日々進歩している。科学者たちはたくさんの情報であふれているこうした画像の研究に、長期にわたって取り組むだろう。では、次にくるものは何だろうか？

近い（そして遠い）将来のミッション

ウェッブは開発に25年かかった。世界中の宇宙機関、科学者、技術者たちは、すでに新たなミッションに取り組んでいて、何が新境地を開拓し、技術の限界を押し広げ、宇宙分野の科学的発見を前進させるかを考えている。今後10年にわたって、宇宙に存在する風変わりで目に見えない、ダークエネルギーやダークマターを調べるミッションが打ち上げられる。例えば、ESAの「ユークリッド」やNASAの「ナンシー・グレース・ローマン望遠鏡」などだ。

カナダ宇宙庁が提案している「可視光線・紫外線での研究のための宇宙論先進サーベイ望遠鏡（CASTOR）」のような新たな天文ミッションが予定されている。これは空を青色の可視光線と紫外線（UV）で観測する。この望遠鏡はハッブルの成果を基にしているが、視野の広さと観測速度は100倍も向上している。日本の宇宙航空研究開発機構（JAXA）は、宇宙マイクロ波背景放射（CMB）を測定して初期宇宙のインフレーションの証拠を探す「LiteBIRD」と、赤外線で恒星の位置と速度

左：6個の異なる望遠鏡・探査機で得られたデータを組み合わせて作られた画像。左上：NGC 346星団、右上：わし星雲の「創造の柱」、左下：幽霊銀河M74、右下：棒渦巻銀河NGC 1672。

上：「ユークリッド」のイラスト。

上：「ナンシー・グレース・ローマン望遠鏡」のイラスト。

を測定する高精度の天体位置測定ミッション「JASMINE」を開発している。

　一方、ESA は史上初の宇宙重力波天文台である LISA を打ち上げる予定だ。6 章で見たように、これは宇宙を観測するまったく新しい手法のさきがけとなるだろう。これと並行して、新たな高エネルギー天体物理学望遠鏡「ATHENA」が計画されており、X 線やガンマ線を出す天体を研究し、中性子星や超新星、ブラックホールなど、宇宙で最も高温で爆発的な天体を観測することになっている。

時間領域・マルチメッセンジャー科学

　宇宙で最もドラマチックな現象の中には、わずか数年、数週間、あるいは数ミリ秒という非常に短い時間で起こるものがある。こうした現象はたいてい、何か非常に大きなもの

の完全な破壊をもたらすものだ──例えば、2 個のブラックホールや中性子星が衝突して合体するとか、恒星がブラックホールに近づきすぎて、極端な重力で引き裂かれるような例だ。こうした事象ではしばしば、ガンマ線や X 線の活動がバーストしたり、重力波が生み出されたりする。科学者はこうした突発現象の観測（時間領域天文学）に力を入れていて、このような現象を宇宙と地上の別々の天文台で同時に観測すること（マルチメッセンジャー科学）にも熱心だ。

　特に私たちは、高エネルギーの電磁波（ガンマ線・X 線）と重力波の両方を使って同じ現象を観測する能力を確立したいと考えている。これは新しく、興味深い展望だ──重力波と光の同時観測を組み合わせることで、こうした天文学のツールを単独で使う場合より

上：「LiteBIRD」のイラスト。

も、はるかに多くのことが分かるようになると期待できる。

月（と火星）へ向かい、帰還する

　もっと身近なところでは、私たちは1972年以来初めて、月に人類と最先端の技術を着陸させる予定になっている。これには史上初めて、女性と非白人の宇宙飛行士が含まれている。これはNASAが国際協力でおこなう「アルテミス計画」の一環で、月面をこれまで以上に詳しく探査し、人類の月面での長期滞在を初めて達成することを目指している。宇宙で最も近い地球の隣人である月の探査は、世界的な関心事となっている。こうした

月探査によって、地球や太陽系がどのように進化したかをより深く理解できるようになり、宇宙の過酷な環境で新技術や先進的な素材、生命維持システムをテストすることもできる。微小重力環境で宇宙飛行士を研究することで、地上でも有益な新しい医学的発見がもたらされるだろう。インド宇宙研究機関（ISRO）の「チャンドラヤーン」探査機や、中国月探査プログラムの「嫦娥」ミッションなど、世界中のいくつもの宇宙機関が月に探査ミッションを送っている。

　最終的には、月で学んだことを活かして、人類の次の大きな飛躍——火星に最初の宇宙飛行士を送ること——の実現が期待されている。それまでの間は、ESAの「ロザリンド・

シャープ山の上部

ヴェラ・ルービン・リッジ

ゲールクレーターの北縁

ゲールクレーターの底

グレン・
エティーブ2

グレン・
エティーブ1*

上：NASAの「キュリオシティ」ローバーが2019年に火星表面でこの自撮り画像を撮影した。このローバーは現地で試料を採取・分析することができるが、将来のミッションではより詳しい分析をおこなうために、地球に持ち帰る試料を火星表面で探すことになるだろう。（訳注：グレン・エティーブとはこの探査地点に付けられたニックネーム。スコットランドにある峡谷の名前にちなむ。「グレン・エティーブ1、2」はこの場所でキュリオシティが開けた2個のドリル穴の名称）

フランクリン」ローバー（2028年打ち上げ予定）のような一連の無人ローバーや、NASAの「インジェニュイティ」のような遠隔制御のヘリコプターを使った、火星の遠隔探査も続けられるだろう。NASAとESAは火星からのサンプルリターンにも取り組んでいる。これは火星表面で試料を採取し、地球に持ち帰って研究するという野心的なミッションだ。

　現在の火星の表面は人類にとって住みやすい環境ではない。乾燥していて非常に寒くなり、大気が薄いので、宇宙からの強烈な放射線から地表を守ることもできない。しかし、過去の火星はかなり違っていたかもしれないと考えられている。これまでの観測で、火星の表面に乾燥した湖床や河川の跡が見つかっており、そこにはかつて水が流れていたことがうかがえるのだ。初期の火星の大気はもっと厚く、二酸化炭素を閉じ込めて、現在よりも住みやすい温度範囲に表面を暖めていたかもしれないと考えられる。そこで、さまざまな課題の中でも特に遠隔観測を継続し、最終的には地球に持ち帰ったサンプルを研究することで、火星に過去に生命が存在した証拠を探すことになる。

小惑星——生命の材料の源か?

　2020年、JAXAの「はやぶさ2」ミッションが、地球近傍の小惑星「リュウグウ」から小さな試料を地球に持ち帰ることに成功した。「はやぶさ」は日本で最も速く飛ぶ鳥「ハヤブサ」から名付けられ、リュウグウは日本のおとぎ話に登場する「竜宮」にちなんでいる。はやぶさ2のカプセルは計画どおり

にオーストラリア奥地にパラシュートで降下し、回収されて日本に運ばれ、きわめて清浄な真空状態で保管された。科学者たちはこの小さな貴重な積み荷を熱心に研究している——この試料はリュウグウの表面と地下から採取された、たった5.4gの粉塵だが、水の氷の粒子や炭化水素、アミノ酸など、いずれも生命の誕生に不可欠な、膨大な研究材料が含まれている。小惑星は科学的に興味深い天体だ。なぜなら、小惑星には気象現象や地質学的なプロセスがないため、天体ができたときから組成が比較的変化しておらず、初期の太陽系がどのように進化したのかを知るのに役立つからだ。NASAの「OSIRIS-REx」ミッション（「起源、スペクトル解析、資源探査、安全保障のためのレゴリス探査機」〔訳注：略称の2番目のSが表す「安全保障（Security）」とは、小惑星が地球に衝突するリスクを研究するための基礎データを得るという意味。「レゴリス」とは、岩石天体の表面をおおう石の破片。過去の隕石衝突で降り積もったと考えられている〕の略）は2023年に、小惑星「ベンヌ」からの試料を地球に持ち帰り、私たちの知識に新たなページを付け加えようとしている。サンプルリターン後の現在は、2029年に別の小惑星「（99942）アポフィス」に接近するために飛行中だ。この2つのミッションは非常に相補的で、JAXAとNASAはサンプル分析で協力している。はやぶさ2やOSIRIS-RExのようなミッションが、今後も長年にわたって科学研究のための材料を提供するだろう。

左：「はやぶさ2」が距離
6kmから撮影したリュ
ウグウ。

宇宙天気

　太陽は常に高エネルギーの荷電粒子と放射線の流れ——太陽風を外層大気から放出していて、この流れは宇宙空間を地球に向かって時速数百万kmで流れ、「宇宙天気」を引き起こしている。太陽からの大規模な太陽フレア〔訳注：太陽面で起こる爆発現象〕やコロナ質量放出〔訳注：太陽のコロナを形づくるプラズマが宇宙空間に大量放出される現象〕で引き起こされる強烈な宇宙天気は、軌道上の通信衛星や測位衛星を故障させたり、ときには地上で停電を発生させたりして、地球上の私たちにも影響を及ぼすことがある。太陽風は宇宙飛行士にとっても危険だ。世界中の宇宙機関による、太陽の挙動を研究するミッションがすでに何十もおこなわれており、今後も増える見込みだ——太陽は私たちに最も近い恒星で、地球上の生命にとって不可欠だが、非常に危険な存在にもなり得る。そこで私たちは、宇宙天気がどのように生み出されるのかをできる限り理解するように努める必要がある。

　こうしたミッションには、ESAと中国科学院の共同プロジェクトである「SMILE（太陽風・磁気圏・電離圏リンク探査衛星）」（2025年打ち上げ予定）が含まれている。これは太陽風と地球の磁気圏との相互作用を測定するものだ。

　JAXAは次世代の太陽物理学ミッション「SOLAR-C」を打ち上げる予定だ。そして

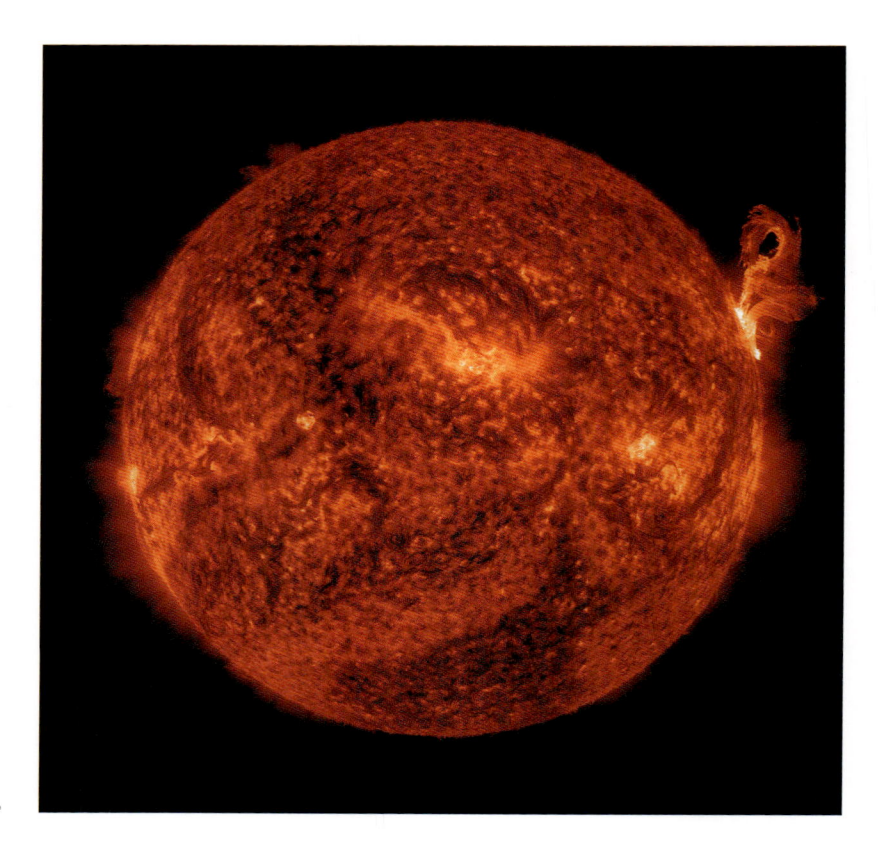

右：太陽で発生したフレア。

NASAは2030年代に向けて、太陽の複雑な挙動の一部を解明するための新たな太陽科学ミッション「HelioSwarm」を開発している。HelioSwarmは太陽風の内部の乱流を引き起こしているプロセスを調べる。太陽風がどのようにふるまうかをより深く理解できれば、宇宙天気予報の精度が向上し、宇宙飛行士や人工衛星、宇宙に置かれた通信・測位衛星の信号を、潜在的な有害な影響からより安全に守ることができる。

HelioSwarmは9機の衛星からなる衛星コンステレーション〔訳注：複数個の衛星が軌道上で連携して機能するシステム。コンステレーション（constellation）とは「星座」のこと。GPSもこの一種〕で、隊形を組んで太陽風の中を飛行し、異なる衛星が互いに位置や距離を変えながら一種の「軌道ダンス」をおこなう。衛星が移動しながら、地球の磁場の変化と太陽風の乱流を異なる場所から同時に、さまざまなスケールで測定する。これは、宇宙空間の広い範囲で太陽風を3次元的に調べるためにおこなわれる、初めての試みだ。これによって、宇宙天気を支配しているプロセスの理解が大きく進むと期待される。

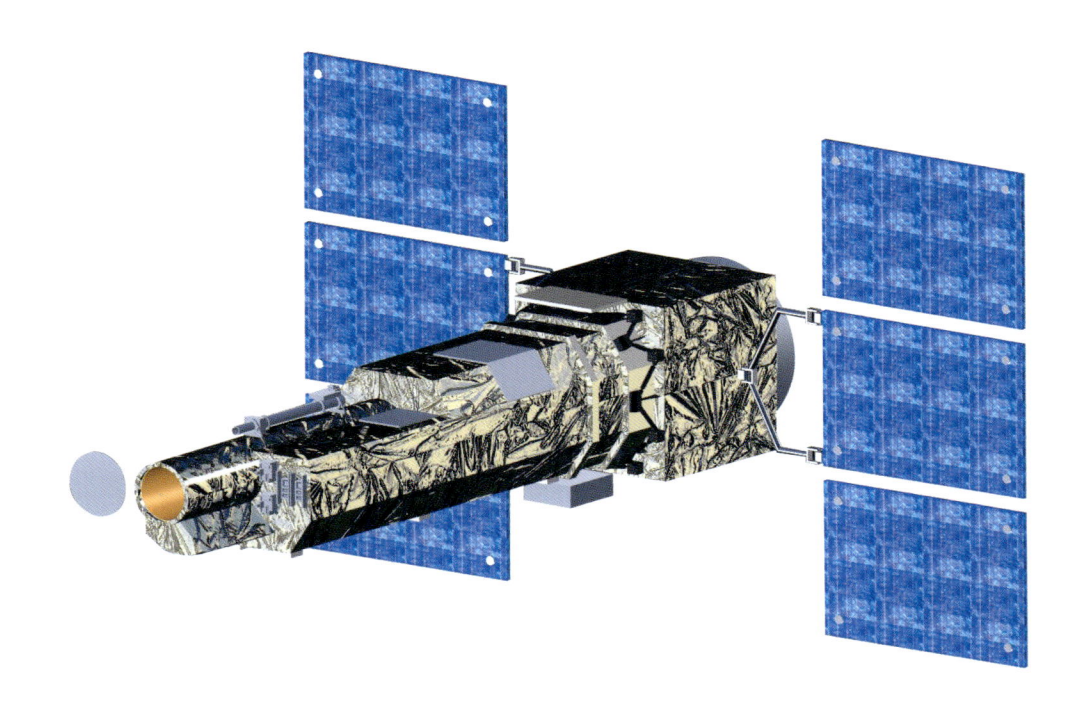

上：JAXAの次世代太陽物理ミッション「SOLAR-C」のイラスト。

水星を間近でとらえる：
ベピコロンボ

　「ベピコロンボ」はESAと日本の宇宙航空研究開発機構（JAXA）の共同ミッションで、水星の研究をおこなう。この名前は、水星の特異な自転パターンを研究した数学者で技術者のジュゼッペ（ベピ）・コロンボにちなんでいる。2021年に打ち上げられ、2025年に水星に到着する予定だ。ベピコロンボの任務は水星の表面や内部構造、磁場の研究をおこなうことだ。

　水星は木星・土星や海王星よりも地球に近いにもかかわらず、この惑星のことはあまりよく分かっていない。その理由は、水星を観測するのも到達するのも、実際には外惑星より難しいからだ。水星は太陽に非常に近い軌道を公転しているので、水星を観測する視野は常に太陽光であふれていて、望遠鏡で水星を観測するのは難しい。ハッブルは天の川銀河全体であらゆる種類の天体を観測してきたが、高感度の光学系を損傷するおそれがあるため、水星を観測したことは一度もない。ウェッブもまた、水星を観測することはできない——ウェッブが活動できるのは、特別に設計されたサンシールドで太陽や内惑星の強い光から守られているからこそなのだ。

　太陽に非常に近いということは、水星に探

査機を送り込むのもまた難しいことになる。水星の周回軌道に入る探査機は、太陽からの非常に強い重力に逆らって減速する必要がある。これはつまり、大量の燃料を積んだ巨大な探査機を使うか、あるいは探査機を減速させるために他の惑星をフライバイする、長くて複雑な軌道パターンが必要になるということだ。さらに、水星周回軌道上の探査機は地球で経験する何倍もの強烈な太陽光にさらされるため、特別な断熱材や反射コーティング、ラジエーターなどが必要になる。ベピコロンボの太陽電池パネルは実際、損傷を避けるために太陽から離れた方向を向くように設計されている。そのせいで、十分に機能させるためにはパネルを非常に大型にする必要があった。水星に向かうミッションはこれまで数えるほどしかなく、科学者たちはようやく水星から新たなデータを得られることを非常に楽しみにしている。

地球の「有害な双子」、金星：
DAVINCI・エンヴィジョン・VERITAS

　金星は地球とほぼ同じ大きさで、重力もほぼ同じだ。この2つの惑星はおそらく、太陽系の同じ場所でほぼ同時期に形成された。そのため、金星はしばしば「地球の双子」だと言われる。だがそれ以降、2つの惑星はまったく異なる進化の道を歩んできた。金星はおそらく初めのうちは生命の存在に適した環境で、ほどよい温度で表面には水もあった。しかし、若い太陽が成長して温度が上昇し始めると、金星の温度も上がり始めた。金星の海は消滅し、二酸化炭素と硫酸からなる腐食性

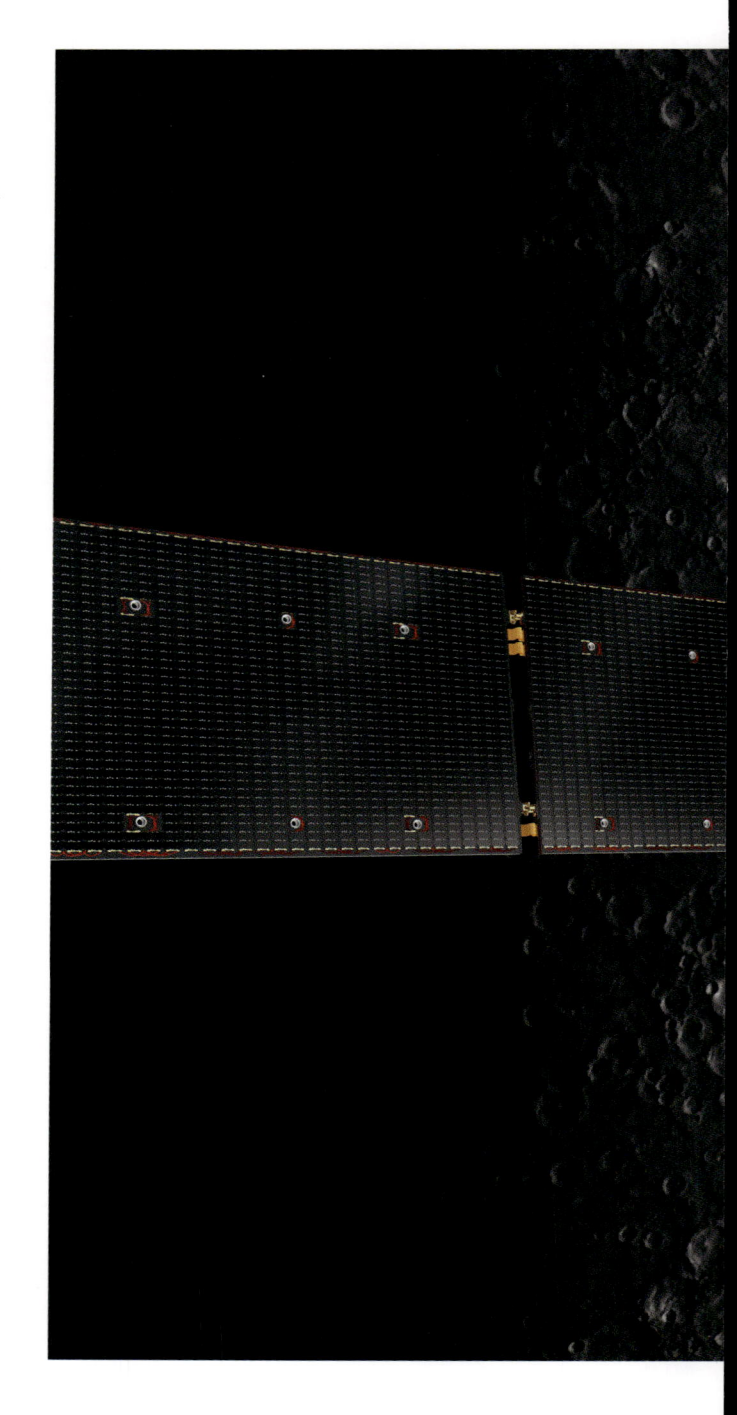

上：水星を周回する「ベピコロンボ」のイラスト。
次ページ：金星の表面から見た風景の想像図。

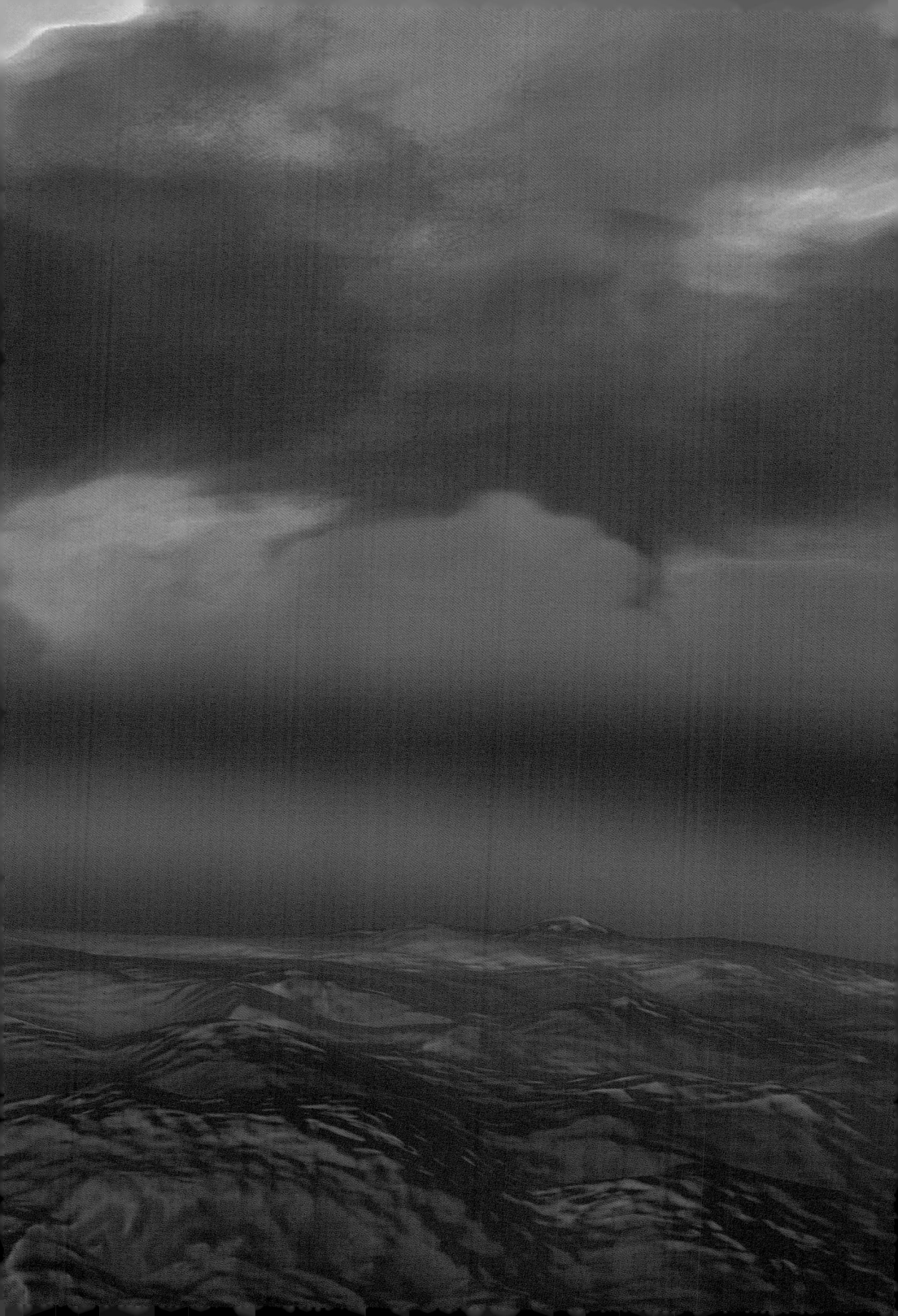

の大気が発達した。これによって圧倒的な大気圧と暴走温室効果が生じ、現在の表面温度は約475℃にもなっている。これは鉛が融けるほどの温度で、太陽からより遠いにもかかわらず、水星よりも熱い。

　現在まで、金星表面の大気圧と温度、酸性度の下で探査機が最も長く動作した最長記録は2時間だ。この記録は1982年のソビエト連邦の「ベネラ13号」が持っている。NASAも「DAVINCI（貴ガス・化学・撮像による深部大気探査）」ミッションで金星表面に着陸する探査機を計画している。これは金星の大気中を降下しながら測定をおこない、データを地球に送る探査機だ。この探査機が生き延びて、表面でも短い時間ながらデータを送信することが期待されている。2つの補完的なミッション、ESAの「エンヴィジョン（EnVision）」とNASAの「VERITAS（金星放射率・電波科学・干渉SAR・地形学・分光学）」ミッションが2030年代に金星周回軌道に投入される予定になっている。これらは金星の中心核から上層大気までの情報を私たちに提供し、金星がこれほど大きく地球と異なる惑星になった原因を理解する助けとなるだろう。一方、ISROは金星の表面と大気を調べる独自の周回ミッション「シュクラヤーン1号」を準備しており、中国国家航天局は「VOICE（金星火山撮像気候探査機）」を計画している。

巨大ガス惑星と氷衛星

　ESAの「JUICE（木星氷衛星探査機）」ミッションは2023年に打ち上げられ、8年をかけて木星へ向かう。到着後の任務は、木星と3個の大きな氷衛星、エウロパ・カリスト・ガニメデの詳細な測定と撮影をおこない、その厚い氷の地殻の下に存在する内部海に生命に適した環境が存在する証拠を探すことだ。これらの衛星が木星の巨大な重力の影響で伸び縮みすることで、内部に熱エネルギーが生じることが分かっている——もし液体の水の存在も確認できれば、地球外で原始的な生命の形態が存在する可能性があることを示すことになるかもしれない。2034年には、JUICEは木星周回軌道からガニメデの周回軌道へと移り、地球の月以外の衛星の周りを周回する初の宇宙機になる記録を打ち立てる予定だ。

　JUICEは地球外生命を直接探査するのではなく、10台の最先端の科学観測装置を使い、ガニメデを周回しながら調査して、内部海の存在とその組成を確認する。これは、将来のミッションがさらなる研究のために試料を地球に持ち帰り、太陽系内で地球外生命を探索するために道を切り拓くものになるかもしれない。

　これと同時に、NASAでは「エウロパ・クリッパー」の開発をおこなってきた。これは木星の別の衛星エウロパで、一連のフライバイをしながら同様の調査をおこなうミッションだ。ハッブルがすでに、エウロパの氷の表面にある亀裂から水蒸気が噴き出していると思われる、かすかな噴出物を観測していて、内部海に微生物がいるかもしれないという興味深い可能性を提示している。もしいずれか

209ページ：エウロパに接近する「エウロパ・クリッパー」の想像図。
210ページ：木星系を訪れる「JUICE」探査機の想像図。

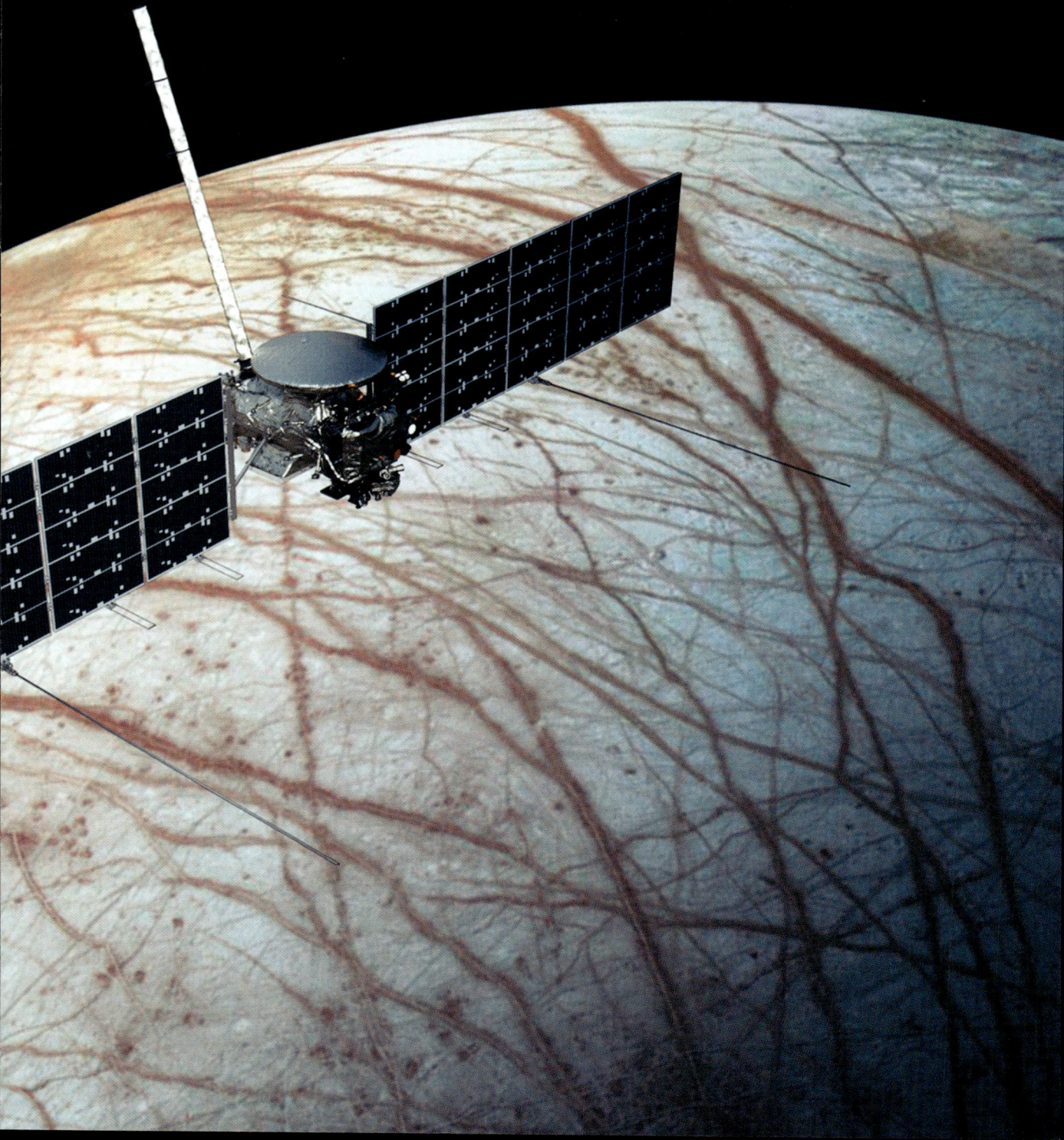

のミッションによって、たとえ原始的であっても海洋生命が存在するという説を裏付ける証拠が見つかれば、それは太陽系の中で生命が複数回にわたって、完全に独立に進化した可能性があるということになる。そうなれば、天の川銀河のどこか別の場所で、あるいはさらに遠く離れたところでも、生命が存在する可能性がさらに高まる。

巨大氷惑星──ウラヌス・オービター・アンド・プローブ

アメリカの『惑星科学・アストロバイオロジー10カ年調査』〔訳注：全米研究会議（NRC）が10年ごとに公表する報告書。NASAや政府系研究機関に対して惑星科学プログラムの優先度を評価・勧告する〕では、巨大氷惑星である天王星を訪れるミッションが次の10年の最優先ミッションに選定された。巨大氷惑星は天の川銀河の中では比較的ありふれていることが系外惑星の調査から分かっていて、太陽系にも2個──天王星と海

左：ウェッブが初めて撮影した土星とその環。

下：NASAの「ボイジャー 2 号」探査機が、1986 年に天王星にフライバイした際に、この美しい写真を撮影した。

王星が存在している。しかし、その性質についてはあまりよく分かっていない。太陽系の他のすべての惑星には科学ミッションを送り込んできた一方で、天王星と海王星についてこれまで得られている最大の成果は、「ボイジャー 2 号」による 2 回のフライバイだけだ。

　これは 1986 年と 1989 年というかなり前のことで、この探査では答が得られた以上に多くの疑問が生まれた。例えば、天王星は太陽系の他のどの惑星とも違って、自転軸が大きく傾いており、ほぼ横倒しの状態で太陽の周りを公転していることが知られている。これ

は天王星の歴史の初期段階で大きな天体と衝突したせいかもしれないが、確実なことは分かっていない。また、天王星では太陽系の他のどの惑星とも違った、非常に極端な季節変化を観測していて、これがどんなプロセスで引き起こされているのかも分かっていない。天王星の環は非常に暗く、衛星とは異なる物質でできているように見える——私たちはなぜそうなのかを知りたいと思っている。

　NASAの「ウラヌス・オービター・アンド・プローブ」ミッションは、その名のとおりのことをおこなう計画だ。周回機を天王星の周回軌道に投入して画像の撮影や測定をおこない、天王星の組成を探る。さらに、探査プローブを大気に投下してその組成を調べる。さらに、天王星の衛星と環も調査し、衛星で地質活動が起こっていないかを調べて、氷でおおわれた表面の下に液体の水が存在する証拠を探す。天王星についてより深く知ることは、私たちの太陽系がどのように誕生し、進化したかについて、より多く理解することにつながる。また、太陽系最遠の惑星である海王星を研究する将来のミッションへの道を開くかもしれない。

PLATO、ARIEL、ハビタブル惑星天文台

　この本の執筆時点では、NASAはきわめて野心的な最重要ミッションである「HWO（ハビタブル惑星天文台）」の具体的な科学目標と技術的な要件の検討を始めていた。その目的は、観測がより難しい小型の地球型惑星を含む、たくさんの系外惑星を直接撮影して、そ

上：恒星（赤色）の周りを公転する系外惑星の想像図。

の大気や表面もこれまで以上に詳細に調べることだ。このミッションは、系外惑星の組成や形成・進化の過程、生命が存在する可能性について理解するのに役立つ。HWOはウェッブや他のミッションの成果に基づいて設計され、より先進的なテクノロジーが採用される。このミッションは紫外線・可視光線・赤外線で観測をおこなうことで、大きな一歩を踏み出す計画だ。また、主星の光をさえぎるために高度なコロナグラフの技術が使われる予定になっている――宇宙空間で巨大な傘のような未来的な「スターシェード」を使う提案すら出されている。もしも太陽系外で生命が存在する明確な証拠を見つけるとすれば、このミッションこそがそれをなし遂げる可能性がある。

　これを実現するのに必要な高いレベルの技術や手法を開発するためには、まだ多くの作業が必要だ。その間、2つの相補的なESAのミッションである「PLATO（惑星トランジット・恒星振動）」と「ARIEL（大気リモートセンシング赤外線系外惑星大規模サーベイ）」が2020年代後半に打ち上げられる予定になっている。PLATOは太陽に似た恒星のハビタブルゾーンを公転している地球型惑星を見つけることに重点を置いて系外惑星を探索する。ARIELは大量の系外惑星のサンプル（1000個以上）の大気を分析することに特化した初のミッションだ。これは惑星とその大気を形づくっている物理過程や、系外惑星の組成、その形成と進化について、より深く理解する手助けとなるだろう。こうしたミッションは、ウェッブのようなミッションや地上の天文台から得られるデータと連携して働くことで、

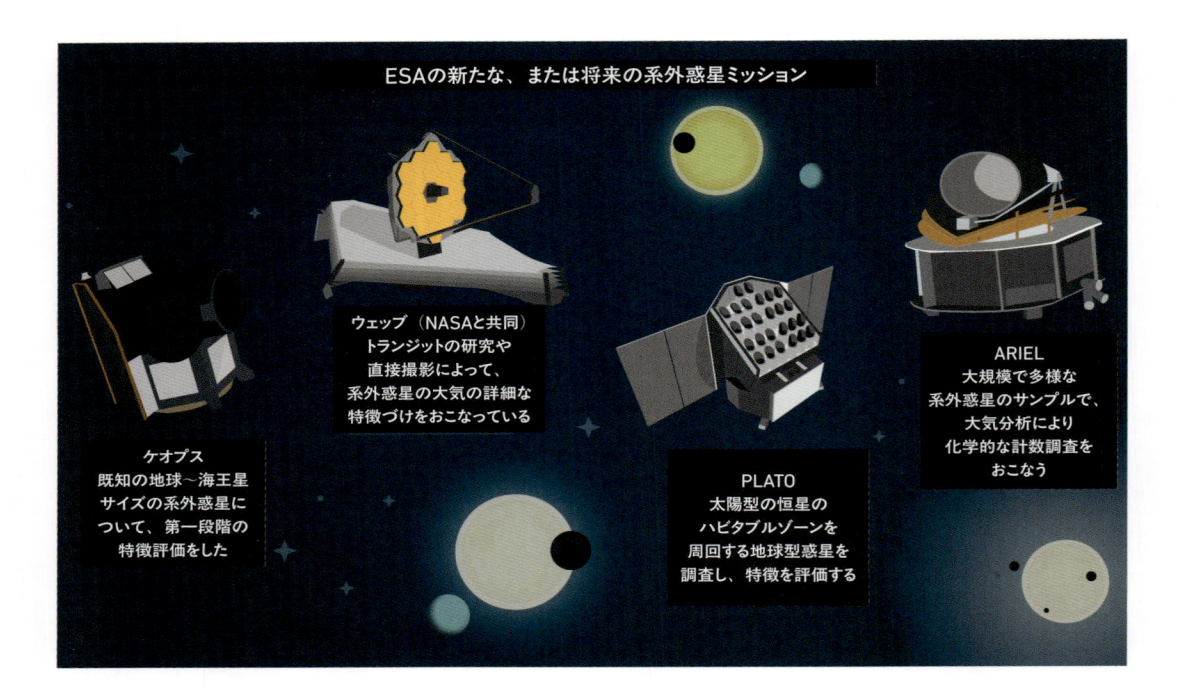

ESAの新たな、または将来の系外惑星ミッション

ケオプス
既知の地球～海王星サイズの系外惑星について、第一段階の特徴評価をした

ウェッブ（NASAと共同）トランジットの研究や直接撮影によって、系外惑星の大気の詳細な特徴づけをおこなっている

PLATO
太陽型の恒星のハビタブルゾーンを周回する地球型惑星を調査し、特徴を評価する

ARIEL
大規模で多様な系外惑星のサンプルで、大気分析により化学的な計数調査をおこなう

系外惑星についての私たちの知識を飛躍的に向上させるだろう。またこれらは、HWOの設計や科学目標の策定にも役立つはずだ。

ウェッブの遺産

もちろん、ジェイムズ・ウェッブ宇宙望遠鏡の任務はまだ完了していない——実際にはまだ始まったばかりだ——これまでに打ち上げた、最大かつ最も強力なこの宇宙科学望遠鏡から、今後も豊かな画像とデータがもたらされ続けることが期待できる。

ウェッブの成功は目覚ましいもので、この望遠鏡を設計・開発した有能なチームの成果だといえる。今後私たちが何を見つけるかはまだ分からないが、ウェッブが地球に送ってくる、美しい、まだ見ぬ宇宙の驚くべき画像や豊富なデータが、私たちに唯一無二の洞察

を与えてくれることは確実だ。これらは、未来の宇宙科学ミッションを開発する次世代の科学者やエンジニアたちに刺激を与えることだろう。

ウェッブは私たちに、楽観できる大きな理由を与えてくれる。世界中の人々が才能やリソースを持ち寄って、崇高な目標に向かって協力し続ける限り、より画期的な科学装置を搭載したさらに野心的なミッションが、新たな科学のブレイクスルーを次の数十年で起こすのを楽しみに待つことができる。これらによって、私たちは宇宙と、その中にある私たちの場所についての壮大な問いを投げかけ、それに答えるという営みを続けることが可能になる。まさに、私たちの限界は星々にまで及ぶのだ！

「私にとって、14の異なる国がかかわるプロジェクトがこれほどうまく協力し合い……
見事に機能したのを見ることは、非常に心強いものです。
私たちは協力してこれを実現しました。
人々がまだこのようなことをできると知って元気づけられます」

——**マルシア・リーケ教授**（NIRCam主任研究者、アリゾナ大学）

上：2013年、ウェップの実物大模型が世界各地を巡回した。この写真はアメリカ・テキサス州でおこなわれた双方向フェスティバル「サウス・バイ・サウスウエスト（SXSW）」で撮影されたもの。

用 語 解 説

ALMA チリにある電波望遠鏡。正式名はアタカマ大型ミリ波サブミリ波干渉計。「アルマ望遠鏡」とも呼ばれる。

ARIEL 大気リモートセンシング赤外線系外惑星大規模サーベイ。ESA が開発中の、系外惑星の大気を調べる宇宙望遠鏡。

ATC 英・エジンバラにある「天文学技術センター」。科学技術施設評議会の下部組織の一つ。

ATHENA ESA の「高エネルギー天体物理学先進望遠鏡」。

CAS 中国科学院

CASTOR 「可視光線・紫外線宇宙論先進セーベイ望遠鏡」。カナダ宇宙庁の主導で提案されている宇宙望遠鏡ミッション。

CNSA 中国国家航天局。

CoRoT（コロー） フランスが主導するトランジット系外惑星の観測ミッション。「対流・自転・惑星トランジット」の略。

CSA カナダ宇宙庁

DAVINCI NASA が計画している金星周回探査ミッション。「貴ガス・化学・撮像による深部大気探査」の略。

ESA ヨーロッパ宇宙機関

ESO 欧州南天天文台

FGS ウェッブの高精度ガイドセンサー。望遠鏡の姿勢制御システムに恒星（ガイド星）の光を導き入れ、望遠鏡の方向を正確に制御する。

GJ 「グリーゼ・ヤーライス恒星カタログ」に収録されている恒星の符号に付けられる接頭辞。

GSFC NASA ゴダード宇宙飛行センター

HD 「ヘンリー・ドレイパー恒星カタログ」に収録されている恒星の符号に付けられる接頭辞。

HelioSwarm NASA が開発中の、太陽風と宇宙天気への影響を研究するミッション。さまざまな隊形で飛行する超小型探査機の群れ（swarm）を利用する。

HIP 「ヒッパルコスカタログ」に収録されている恒星の符号に付けられる接頭辞。

HST ハッブル宇宙望遠鏡。NASA と ESA の共同ミッション。

HWO 「ハビタブル惑星天文台」。NASA の主導で提案されている将来の新たな系外惑星ミッション。

ISIM ウェッブの4つの科学観測装置を収めた統合科学装置モジュール。

ISRO インド宇宙研究機関

JASMINE JAXA の赤外線天体位置測定衛星。

JAXA 日本の宇宙航空研究開発機構。

JPL NASA ジェット推進研究所

JUICE ESA の「木星氷衛星探査計画」。木星とその大きな衛星の観測をおこなうミッション。

JWST ジェイムズ・ウェッブ宇宙望遠鏡。NASA ではしばしば「ウェッブ」と略して呼ばれる。NASA、ESA、CSA の共同ミッション。

LIGO 「レーザー干渉計重力波天台」。米・ワシントン州とルイジアナ州に建設された2基の重力波検出器を連携して運用されている。

LISA ESA の「レーザー干渉計宇宙アンテナ」。宇宙に打ち上げる重力波天文台。

LiteBIRD JAXA の衛星。「宇宙背景放射の検出でBモード偏光とインフレーションを研究する小型衛星」の頭字語。

M メシエ番号を表す記号。「シャルル・メシエ天体カタログ」に収録されている天体の符号に付けられる接頭辞。

MIRI 中間赤外線装置。ウェッブの科学観測装置の一つ。

MOST カナダの宇宙望遠鏡。恒星を調査し、系外惑星のトランジットの証拠を探す。「恒星の微小変光・振動」の略。

NASA アメリカ航空宇宙局

NGC 「（星雲星団）ニュー・ジェネラル・カタログ」に収録されている天体の符号に付けられる接頭辞。

NIRCam 近赤外線カメラ。ウェッブの科学観測装置の一つ。

NIRISS 近赤外線撮像スリットレス分光計。ウェッブの科学観測装置の一つ。

NIRSpec 近赤外線分光計。ウェッブの科学観測装置の一つ。

nm 長さの単位の略称。ナノメートル（= 10 億分の1メートル）の意味。

OSIRIS-REx 小惑星ベンヌから試料を採取して地球に研究のために持ち帰る、NASA のミッション。「起源、スペクトル解析、資源探査、安全保障のためのレゴリス探査機」の略。

PLATO ESA の系外惑星探査ミッション。「惑星トランジットと恒星の振動」の略。

PSR パルサー。高速で自転する天体で、正体は中性子星だと考えられている。電波やその他の電磁波の規則的なパルスを放射する。

RAL Space 英・ハーウェルにあるラザフォード・アップルトン研究所の宇宙研究技術センター。

SMILE 宇宙天気科学ミッション。「太陽風磁気圏・電離圏リンク探査衛星」の略。

STFC 科学技術施設評議会。UKRI の下部組織の一つ。

STScI 米・ボルチモアにある宇宙

望遠鏡科学研究所。

TESS　NASA の「トランジット系外惑星サーベイ衛星」。

TRAPPIST　チリにある「トランジット惑星・微惑星小型望遠鏡」。

UKRI　英国研究・イノベーション機構。研究予算の調達を管理する政府機関。

UKSA　英国宇宙庁

VERITAS　NASA が計画しているミッション。「金星の放射率・電波科学・干渉 SAR・地形学・分光学」の略。

VLA　米・ニューメキシコ州にある超大型電波干渉計。

VLT　チリにある地上望遠鏡。「超大型望遠鏡」とも呼ばれる。ESO の望遠鏡の一つ。

WASP　「惑星広視野探索（WASP）」サーベイで発見された系外惑星の符号に付けられる接頭辞。

XMM-Newton　ESA の X 線天文台。正式名は「高スループット X 線分光ミッション・X 線マルチミラーミッション」。

イベントホライズンテレスコープ・コラボレーション（EHTC）　世界各地の電波望遠鏡による国際協力プロジェクト。一つの巨大な仮想望遠鏡として機能し、ブラックホールの画像を撮影する。

ウォルフ・ライエ星（WR）　珍しい大質量星の分類の一つ。急激な速さで質量を失い、わずか数十万年の寿命しかない。

宇宙マイクロ波背景放射（CMB）　宇宙を伝播してきた最初の光（熱放射）が低温になった名残のマイクロ波。「ビッグバンのこだま」とも呼ばれる。

エウロパ・クリッパー　NASA による木星の衛星エウロパの探査ミッション。

エンヴィジョン　ESA の金星周回探査ミッション。

回折光芒　光の回折によって望遠鏡の画像に現れる人工的な効果。

ウェッブの画像に見られる特徴的な 6 本の回折光芒（スパイク）は、六角形の分割鏡の縁に当たった光によって生じる。観測する天体が明るいほど、その天体の中心から長く伸びる回折光芒が現れやすい。この人工的な効果は性質がよく分かっているので、科学目的の画像では補正して消去できる。

火星サンプルリターン　NASA と ESA が共同で提案しているミッション。火星の表面から試料を地球に持ち帰って研究する。

褐色矮星　恒星より質量の小さな天体で、中心核で水素の核融合反応を維持できるだけの十分な大きさになれなかったもの。最大の惑星と最小の主系列星の中間の大きさを持つ。「なりそこないの星」とも呼ばれる。

活動銀河核　活動的なブラックホールの周辺の非常に明るい領域。

キュリオシティ　NASA の火星探査ローバー。

クエーサー（QSR）　準恒星状電波源とも呼ばれる天体。きわめて強い放射を放つ遠方の天体で、内部に超大質量ブラックホールが存在すると考えられている。

系外惑星　太陽系外の恒星の周りを回る惑星。

原始星ジェット　新たに誕生した恒星の両極から強く放出される高エネルギーの物質の流れ。

原始惑星系円盤　新たに誕生した恒星の周りを周回するガスと塵の円盤。この円盤から最終的に惑星が形成される。

けんびきょう座 AU　ウェッブで観測した赤色矮星の一つ。

恒星質量ブラックホール　太陽の数十倍の質量を持つブラックホール。重い恒星が死を迎えるときに作られる。天の川銀河の中だけで数十億個存在すると推定されている。

降着円盤　恒星やブラックホールな

どの天体の周りを回る、ガスや塵、その他の粒子からなる円盤状の領域。周回しながらしだいに内側へ落ち込んでゆく。

コロナグラフ　恒星やその他の非常に明るい天体からの光をさえぎり、その周辺に存在するかすかな天体（系外惑星など）を観測できるようにする装置。

事象の地平面　ブラックホールの周りにある帰還不可能点。事象の地平面を越えたものは二度とブラックホールから離れられなくなる。

視線速度法　系外惑星を検出する方法の一つ。周囲を公転する系外惑星の重力によって主星に生じるわずかな運動を測定する。

重力波　目に見えず光速で伝わる、ごくわずかな時空のさざ波。通常は、ブラックホールの合体や中性子星の衝突、超新星などの激変現象によって生み出される。

重力レンズ効果　銀河団のような大質量の天体が、より遠方の天体から来た光がそばを通過するときに進路を曲げて、レンズのような働きを生じる現象。光源の天体が拡大されたり歪められたりして見える。

主系列　恒星の一生のうち最も主要な期間で、水素の核融合でヘリウムを生成している段階のこと。この段階にある星（主系列星）は成長過程の中で比較的安定した状態にある。

小マゼラン雲（SMC）　天の川銀河に最も近い伴銀河の一つである不規則矮小銀河。

星雲　ガスと塵の巨大な雲。内部では莫大な数の新たな星が誕生している。

赤色巨星　太陽くらいの質量の恒星が一生の最期を迎えつつある段階の星。大きく膨張し、表面温度は比較的低い。進化の後期段階で、中心核では、核融合を維持できる燃料が残りわずかになっている。

最終的に燃料が尽きると白色矮星になる。

赤色矮星 比較的小さく低温の主系列星。表面温度が低いために赤色に見える。

相対論的ジェット 活動的なブラックホールの降着円盤から放出される、電離した粒子と放射線からなるビーム状の流れ。光速に近い速度できわめて遠い距離まで達する。

ダークエネルギー 宇宙の膨張を加速させている原因と考えられている、目に見えない形のエネルギー。宇宙の成分の 68% を占めると推定されている。

ダークマター 光を吸収・反射・放射しない、目に見えない物質。見えている物質に影響を与えている様子を観測することで間接的に存在を知ることができる。宇宙の成分の 27% を占めると推定されている。

大マゼラン雲（LMC） 天の川銀河の伴銀河の一つ。ポルトガルの航海者、フェルディナンド・マゼランの航海中に乗組員によって発見されたことから、彼の名にちなんで命名。

チャンドラ 1999 年に打ち上げられた NASA の X 線天文台。ノーベル賞を受賞した天体物理学者、スブラマニアン・チャンドラセカールにちなんで命名。

中性子星 重い恒星が超新星爆発の後に崩壊してできる、きわめて高密度の天体。特に大質量の恒星の場合には、中性子星ではなくブラックホールが生まれることもある。

超新星 大質量星が燃料を使い果たした後に起こす突発的な爆発。

超大質量ブラックホール（SMBH） 太陽や、超新星から生成されるブラックホールに比べて数百万倍から数十億倍の質量を持つブラックホール。超大質量ブラックホール

は他のブラックホールとの合体や、周囲の物質をすさまじい速度で飲み込むことでこれほど巨大に成長するのかもしれない。SMBH は私たちの天の川銀河を含めて、ほぼすべての銀河の中心に存在すると考えられている。

ディープフィールド観測 空の特定の一部分を長時間かけておこなう観測。長い露光時間をかけて光を集めるため、きわめて暗い天体からの光も明らかにすることができる。露光時間が長いほど、より「ディープな」視野である、という言い方をする。

トランジット ある天体がより遠くにある天体と観測者との間を通過する現象。

トランジット分光法 トランジットの際に、異なる波長の光が惑星の大気で吸収・透過される様子を分析する方法。これによって惑星の化学組成を知ることができる。

トランジット法 主星の周りを回る系外惑星を検出する方法。主星からの光にわずかに現れる規則的な減光を測定する。

ナンシー・グレース・ローマン宇宙望遠鏡 NASA の宇宙天文台。ダークエネルギーや系外惑星、赤外線天文学に重点を置いている。

白色矮星 太陽くらいの質量を持つ恒星が燃料を使い果たした後に残る天体。

ハビタブルゾーン 主星から惑星までの距離が、惑星の表面に液体の水が存在できる範囲内にある領域。

はやぶさ 2 小惑星リュウグウの試料を地球に持ち帰った日本のミッション。

ビッグバン理論 宇宙が初期の高密度・超高温の状態から膨張し、最終的に現在の宇宙を形づくったとする理論。最初の爆発的な膨張の瞬間をビッグバンと呼ぶ。

ブラックホール 重力が非常に強く、

可視光線やその他のあらゆる電磁波も逃げ出せない時空の領域。重い恒星が燃料を使い果たして超新星爆発を起こした後に形成される。

プランク 宇宙マイクロ波背景放射を研究する ESA のミッション。

分光法 恒星やその他の天体から届く、異なる波長の電磁波（可視光線・紫外線・X 線・赤外線・電波など）の強さを測定する手法。

ベピコロンボ 2018 年に打ち上げられた ESA と JAXA の水星ミッション。イタリアの天文学者、ジュゼッペ・コロンボにちなんで命名。

ボイジャー 2 号 太陽系の外縁部（木星以遠）の研究と恒星間空間への飛行を行う NASA のミッション。

マルチメッセンジャー天文学 異なる手法や異なる波長域の電磁波観測（あるいは重力波なども）を用いて天文現象を研究するプロセスのこと。

μm（ミクロン） 長さの単位の略称。マイクロメートル（= 100 万分の 1 メートル = 1000 分の 1 ミリメートル）の意味。

ユークリッド ダークマターとダークエネルギーの研究をおこなう ESA のミッション。

連星系 恒星などの 2 個の天体が重力で結びつき、互いの周りを公転しているもの。

ロザリンド・フランクリン・ローバー ESA が主導する火星ローバーミッション。

惑星状星雲 太陽くらいの質量の恒星が死を迎えた段階で放出した、塵とガスの連続した層からなる天体。中心の恒星は白色矮星となる。

索　引

図版クレジット

2, 62-3, 90-1, 102-3, 126-7 NASA, ESA, CSA, STScI, Webb ERO Production Team; 4-5 Blueee77/Shutterstock; 6-7 NASA, ESA, CSA; 画像処理: Joseph DePasquale (STScI); 8-9 ESA/ Webb, NASA & CSA, M. Meixner; 10 NASA; 12 WinWin artlab/ Shutterstock; 14, 19, 20-1, 23, 107 NASA/Chris Gunn; 17 STFC RAL Space; 26, 31（名称変更）NASA, ESA, Jupiter ERS Team; 画像処理: Judy Schmidt; 28 NASA, ESA, Amy Simon (NASA-GSFC), Michael H. Wong (UC Berkeley); 画像処理: Joseph DePasquale (STScI); 33, 146-7（画像反転）, 154-5, 180-1, 210-11 NASA/JPL-Caltech; 34（名称変更）NASA, ESA, the Hubble Heritage Team (STScI/AURA), J. Bell (Cornell University), and M. Wolff (Space Science Institute, Boulder); 35（左右，名称変更）NASA, ESA, CSA, STScI, Mars JWST/GTO team; 37（名称変更）Science: NASA, ESA, CSA, Webb Titan GTO Team; 画像処理: Alyssa Pagan (STScI); 39（名称変更）Science: Geronimo Villanueva (NASA-GSFC); イラスト: NASA, ESA, CSA, STScI, Leah Hustak (STScI); 40 NASA, ESA, CSA, STScI; 画像処理: Joseph DePasquale (STScI), Naomi Rowe-Gurney (NASA-GSFC); 41 NASA, ESA, A. Simon (Goddard Space Flight Center), and M.H. Wong (University of California, Berkeley) and the OPAL team; 42, 46-7, 54-5, 64, 72, 98, 118-19, 128, 140, 141, 142（トリミング等改変：名称変更）, 148（名称変更）, 168（名称変更）NASA, ESA, CSA, STScI; 43 Science: NASA, ESA, CSA, STScI; 画像処理 Joseph DePasquale (STScI); 48-9 NASA, ESA, and The Hubble Heritage Team (STScI/ AURA); 50 NASA/ESA/CSA, STScI/Joseph DePasquale (STScI)/ Anton M. Koekemoer (STScI); 52-3 NASA, ESA, CSA, STScI, Klaus Pontoppidan (STScI); 画像処理: Alyssa Pagan (STScI); 57 ESA and the Planck Collaboration; 59 Science: NASA, ESA, CSA, Olivia C. Jones (UK ATC), Guido De Marchi (ESTEC), Margaret Meixner (USRA); 画像処理: Alyssa Pagan (STScI), Nolan Habel (USRA), Laura Lenki- (USRA), Laurie E. U. Chu (NASA Ames); 60-1 Science: NASA, ESA, CSA, STScI; 画像処理: Joseph DePasquale (STScI), Alyssa Pagan (STScI), Anton M. Koekemoer (STScI); 66-7 Science: NASA, ESA, CSA, STScI, Hubble Heritage Project (STScI, AURA); 画像処理: Joseph DePasquale (STScI), Anton M. Koekemoer (STScI), Alyssa Pagan (STScI); 68 Science: NASA, ESA, CSA, STScI; 画像処理: Joseph DePasquale (STScI), Alyssa Pagan (STScI); 70 ESA/Hubble & NASA, R. Wade et al; 75 The Hubble Heritage Team (STScI/AURA/NASA); 76-7 NASA, ESA, CSA, STScI, O. De Marco (Macquarie University), J. DePasquale (STScI); 78-9 X-ray: NASA/CXC/ESO/F.Vogt et al; Optical (ESO/VLT/MUSE & NASA/STScI); 80-81 NASA' s Goddard Space Flight Center/ Jeremy Schnittman; 83, 160, 214-15 ESO; 85（左上）ESA/ Hubble & NASA; 85（右上）ALMA: ESO/NAOJ/NRAO/A. Angelich; Hubble: NASA, ESA, R. Kirshner (Harvard-Smithsonian Center for Astrophysics and Gordon and Betty Moore Foundation) and P. Challis (Harvard-Smithsonian Center for Astrophysics); Chandra: NASA/CXC/Penn State/K. Frank et al; 85（下）Science: NASA, ESA, CSA, Mikako Matsuura (Cardiff University), Richard Arendt (NASA-GSFC, UMBC), Claes Fransson (Stockholm University), Josefin Larsson (KTH); 画像処理: Alyssa Pagan (STScI); 86-7 NASA, ESA, CSA, Danny Milisavljevic (Purdue University), Tea Temim (Princeton University), Ilse De Looze (UGent); 画像処理: Joseph DePasquale (STScI); 88-9 NASA, ESA, and the Hubble Heritage Team (STScI/AURA) - ESA/Hubble Collaboration; 93 NASA, ESA, CSA, STScI, NASAJPL, Caltech; 94-5 NASA, ESA, Joseph Olmsted (STScI); 100 NASA, ESA, and S. Beckwith (STScI) and the HUDF Team; 104（トリミング等改変：名称変更）NASA and Ann Feild (STScI); 108（トリミング等改変：名称変更）NASA, ESA, Zolt G. Levay (STScI), Ann Feild (STScI); 110-11 ESA/Webb, NASA & CSA, J. Rigby; 114-15 NASA, ESA, M.J. Jee and H. Ford (Johns Hopkins University); 120-1 NASA, ESA, and The Hubble Heritage Team (STScI/AURA); 謝辞: J. Gallagher (University of Wisconsin), M. Mountain (STScI), and P. Puxley (National Science Foundation); 123, 124（右上）ESA/ Webb, NASA & CSA, J. Lee and the PHANGS-JWST Team; acknowledgement: J. Schmidt; 124（左上）NASA, ESA, and the Hubble Heritage (STScI/ AURA)-ESA/Hubble Collaboration; 謝辞: R. Chandar (University of Toledo) and J. Miller (University of Michigan); 124 (bottom) ESA/Webb, NASA & CSA, J. Lee and the PHANGS-JWST Team; ESA/Hubble & NASA, R. Chandar; acknowledgement: J. Schmidt; 125 NASA, ESA, CSA, and J. Lee (NOIRLab), A. Pagan (STScI); 129 NASA, ESA, CSA, STScI; 画像処理; Alyssa Pagan (STScI); 131 NASA, ESA, the Hubble Heritage Team (STScI/AURA)-ESA/Hubble Collaboration and A. Evans (University of Virginia, Charlottesville/NRAO/Stony Brook University); 132-3 ESA/Webb, NASA & CSA, L. Armus, A. Evans; 135 NASA, ESA and D. Coe (STScI)/J. Merten (Heidelberg/ Bologna); 136-7 Science: NASA, ESA, CSA, Ivo Labbe (Swinburne), Rachel Bezanson (University of Pittsburgh); 画像処理: Alyssa Pagan (STScI); 138（名称変更）NASA, ESA, CSA, Takahiro Morishita (IPAC); 画像処理: Alyssa Pagan (STScI); 150 NASA/European Space Agency/Alfred Vidal-Madjar (Institut d' Astrophysique de Paris, CNRS); 152-3 NASA/Ames/ SETI Institute/JPL-Caltech; 156-7 NASA, ESA, CSA, Dani Player (STScI); 163（名称変更）NASA/ESA/CSA, A Carter (UCSC), the ERS 1386 team, and A. Pagan; 164（名称変更）ESO, NASA & ESA; 165 Science: NASA, ESA, CSA, Kellen Lawson (NASA-GSFC), Joshua E. Schlieder (NASA-GSFC); 画像処理: Alyssa Pagan (STScI); 166-7（トリミング等改変；名称変更）, 190, 206-7 ESA; 171（名称変更）NASA, ESA, CSA, and L. Hustak (STScI); science: The JWST Transiting Exoplanet Community Early Release Science Team; 172-3 NASA/W. Stenzel; 178 NASA' s Goddard Space Flight Center/CI Lab; 183 X-ray: NASA/CXC/SAO; visual: NASA/STScI; radio: NSF/NRAO/VLA; 185 EHT Collaboration; 186（名称変更）X-ray: NASA/UMass/D.Wang et al., IR: NASA/STScI; 188 G. Brammer, C. Williams, A. Carnall, Edinburgh University School of Physics and Astronomy; 194 X-ray: Chandra: NASA/CXC/SAO, XMM: ESA/XMM-Newton; IR: JWST: NASA/ESA/CSA/STScI, Spitzer: NASA/JPL/Caltech; Optical: Hubble: NASA/ESA/STScI, ESO; 画像処理: L. Frattare, J. Major, N. Wolk, and K. Arcand, with additional support on NGC 346 by A. Kudrya; 196 ESA/ATG medialab (spacecraft); NASA, ESA, CXC, C. Ma, H. Ebeling and E. Barrett (University of Hawaii/IfA), et al. and STScI（背景）; 197 NASA's Goddard Space Flight Center; 198 Courtesy of ISAS/JAXA; 199（名称変更）NASA/JPL-Caltech/MSSS; 201 JAXA, University of Tokyo, Kochi University, Rikkyo University, Nagoya University, Chiba Institute of Technology, Meiji University, University of Aizu, AIST; 202 NASA/ SDO; 203 cNAOJ/JAXA; 204-5 Spacecraft: ESA/ATG medialab; Mercury: NASA/JPL; 209 Spacecraft: ESA/ATG medialab; Jupiter: NASA/ESA/J. Nichols (University of Leicester); Ganymede: NASA/JPL; Io: NASA/JPL/University of Arizona; Callisto and Europa: NASA/JPL/DLR; 212 NASA, ESA, CSA, STScI, Matt Tiscareno (SETI Institute), Matt Hedman (University of Idaho), Maryame El Moutamid (Cornell University), Mark Showalter (SETI Institute), Leigh Fletcher (University of Leicester), Heidi Hammel (AURA). 画像処理: J. DePasquale (STScI); 212 NASA/JPL; 216（キャプション変更）ESA CC BY-SA 3.0 IGO; 217 Lara Eakins/Flickr.

著 者 謝 辞

JWST について私に話をする時間を割いてくださったすべての方々、
そして本書のために引用句を提供してくださったすべての方々に感謝いたします。
編集で素晴らしいサポートをしてくれたエミリー・アービスとアンナ・サウスゲートに、特に、技術的な助言と全般的な内容チェックをしてくださったジョー・ハーパー博士とアダム・アマラ教授に感謝を申し上げます。
最後に、しかし決して小さくない感謝を、執筆中の私に合わせて過ごしてくれた、
素晴らしく協力的な家族であるクリントン、リディ、ジョーに捧げます。

序 文

ジョン・C・マザー

（John C Mather）

宇宙物理学者。2006 年、ノーベル物理学賞を受賞。前 NASA・JWST プロジェクト上級科学者。

著 者

キャロライン・ハーパー

（Caroline Harper）

宇宙科学者。英国宇宙庁（UKSA）宇宙科学部門長、ESA 科学プログラム委員、英王立天文学会フェロー。

訳 者

中野太郎

（なかの・たろう）

東京大学大学院総合文化研究科修士課程修了。フリーライターとして天文・宇宙関連の記事を執筆。

見(み)たこともない宇宙(うちゅう)

2025 年 4 月 25 日　第 1 刷発行

著者：キャロライン・ハーパー

翻訳：中野太郎

発行者：富澤凡子

発行所：柏書房株式会社
東京都文京区本郷 2-15-13（〒113-0033）
電話（03）3830-1891［営業］
（03）3830-1894［編集］

装丁：加藤愛子（オフィスキントン）

DTP：株式会社キャップス

印刷：中央精版印刷株式会社

製本：株式会社ブックアート

ISBN978-4-7601-5605-4